ESSAI

SUR LES CONTRACTURES

DU

COL DE LA VESSIE

PAR

C. SEBEAUX,

Docteur en médecine de la Faculté de Paris,

Ancien externe des hôpitaux de Paris.

PARIS

V. ADRIEN DELAHAYE ET Cie, LIBRAIRES-ÉDITEURS

PLACE DE L'ÉCOLE-DE-MÉDECINE.

1876

ESSAI

SUR LES

CONTRACTURES

DU

COL DE LA VESSIE

ESSAI

SUR LES CONTRACTURES

DU

COL DE LA VESSIE

PAR

C. SEBEAUX,

Docteur en médecine de la Faculté de Paris,
Ancien externe des hôpitaux de Paris.

PARIS

V. ADRIEN DELAHAYE ET Cie, LIBRAIRES-ÉDITEURS

PLACE DE L'ÉCOLE-DE-MEDECINE

1876

ESSAI

SUR LES

CONTRACTURES

DU

COL DE LA VESSIE

AVANT-PROPOS.

La contracture du col de la vessie n'est pas, par elle-même, une maladie. C'est un symptôme commun à des affections sans gravité des organes génito-urinaires et à des maladies, toujours mortelles, de la moelle et de l'encéphale. Toutefois, sa répétition ou sa prolongation peut engendrer une affection propre qui a sa marche, ses complications, etc.

C'est ce symptôme, tantôt simple, tantôt compliqué, qu'on a désigné tour à tour sous le nom de spasme, névralgie, contracture douloureuse du col vésical. — Ces diverses dénominations ont, toutes, l'inconvénient de dire trop ou trop peu.

Si nous prenons, par exemple, l'expression *contrac-*

ture douloureuse, nous verrons qu'une telle désignation implique nécessairement la coexistence des deux éléments morbides : *contracture* et *névralgie*.

Les observations, que nous avons pu réunir, nous ont démontré qu'on a vu quelquefois des contractures assez énergiques pour interdire le passage d'une bougie du plus fin calibre, sans que, pour cela, le malade accusât la plus légère douleur (Ex : contracture chez les femmes en couches). Nous en dirons autant à propos de la névralgie; c'est sous ce titre que Civiale a décrit la contracture spasmodique.

Ce symptôme se rencontre parfois dans les phlegmasies chroniques du col de la vessie ; on peut même dire qu'il les accompagne toujours à une certaine période ; mais, lorsqu'il est isolé, il ne constitue pas plus la maladie que le râle crépitant fin ne constitue la pneumonie.

D'un autre côté, la détermination exacte du siége de la contracture est absolument indispensable, si on veut la distinguer du rétrécissement spasmodique de l'urèthre. Or, nous n'avons pas trouvé, dans nos ouvrages classiques, le moyen d'arriver à une telle détermination. — C'est aux renseignements éclairés de notre excellent maître, M. le Dr Duplay, que nous devons quelques notions précises à cet égard. Nous avons donc cru qu'il ne serait point sans intérêt de faire une courte étude sur le symptôme de la contracture du col vésical en lui-même.

Nous n'avons, certes, pas la prétention d'en avoir élucidé la séméiologie tout entière. Il nous faudrait, pour cela, posséder des données précises sur l'anatomie et la physiologie des sphincters vésicaux ; et, malheureusement, nous n'avons pu, après avoir passé en revue les faits actuellement acquis, que signaler un *desideratum*.

Malgré cela, nous avons tenté de donner au symptôme une valeur diagnostique et pronostique moins banale que celle qu'on lui accorde habituellement. M. le professeur Verneuil nous a fourni, sous ce rapport, des renseignements fort utiles. Grâce à lui, nous savons que les lésions de la partie abdominale de l'appareil génito-urinaire peuvent retentir sur le col vésical; que, si la contracture existe en même temps qu'elles, il n'est guère possible de croire à deux phénomènes indépendants, et dont la présence simultanée est complètement fortuite.

Nous espérons que nos juges voudront bien tenir compte de l'étendue et de la difficulté de ce sujet.

CHAPITRE Ier

SIMPLE APERÇU SUR L'ANATOMIE ET LA PHYSIOLOGIE DU COL DE LA VESSIE.

Il est indispensable, pour décrire la contracture du col vésical, de bien déterminer ce que nous entendrons par cette expression. La chose est plus difficile qu'elle ne le paraît au premier abord, car de la description anatomique de la région dépend en grande partie l'explication des phénomènes par suite desquels l'urine s'accumule dans la vessie.

Les Anciens, n'ayant sur les fonctions du réservoir urinaire et de ses annexes que des notions incomplètes ou même fausses, n'en désignaient les différentes parties que d'après leurs formes respectives : c'est ainsi qu'Aetius, suivi par la plupart de ses contemporains, désigne sous le nom de *collum seu cervix vesicæ* tout le canal de l'urèthre, parce que, dit-il, ce conduit se comporte, par rapport à la vessie, comme le col d'une bouteille par rapport à son corps. Avicenne et les autres arabistes ont accepté cette désignation. Rufus d'Ephèse, au contraire, ne donne le nom de col qu'à la portion de l'urèthre qui s'étend depuis son orifice vésical jusqu'aux corps caverneux. Les anatomistes modernes ont encore restreint cette portion cervicale : au lieu d'avoir exclusivement en vue la forme plus ou moins rétrécie d'une partie de l'urèthre et de la vessie, ils se sont efforcés de lui donner un nom qui répondît à sa fonction physiologique. C'est pour cela que Kohlrausch (1), Hyrtl (2) et Schmid (3) voudraient rejeter du langage anatomique cette expression de col vésical, qui, selon eux, consacre une idée fausse.

Leur opinion cependant n'a pas prévalu, et elle est employée par les anatomistes de notre temps comme elle l'était par ceux du commencement du siècle : elle est synonyme de sphincter vésical.

Ce sphincter que, depuis Fallope, tous les anatomistes se sont efforcés de décrire, n'est ni aussi bien déterminé ni aussi simple à étudier qu'on pourrait l'espérer.

« La tunique musculaire en s'épaississant, dit Fyfe, « détermine l'évacuation complète de la vessie ; les

(1) *Zur Anatomie und Physiologie des Beckenorgane.* Leipzig, 1854.

(2) Top. Anatomie, II, p. 86.

(3) De vesicæ urinariæ collo non exstante. Diss. inaug., Dorpat, 1859.

« fibres musculaires qui forment le col, en agissant « séparément, préviennent l'écoulement involontaire « de l'urine » (1).

Depuis lors, une connaissance plus exacte du rôle du tissu musculaire, une dissection plus minutieuse des parois de la vessie et de l'orifice uréthral, ont donné lieu à des interprétations qui diffèrent totalement de celle que nous venons de citer. Les uns, considérant la vessie comme un entonnoir, décrivent un sphincter siégeant au voisinage de l'ouverture de l'urèthre ; les autres croient que c'est, au contraire, dans la portion prostatique et membraneuse qu'il faut chercher le sphincter vésical ; d'autres enfin en admettent deux, un sphincter uréthral formé, en grande partie, de fibres striées et, par conséquent, soumis à l'influence de la volonté, et un sphincter vésical à fibres lisses. Nous allons passer en revue ces diverses opinions, sans toutefois nous y arrêter plus longuement que ne le comporte notre sujet.

Il n'est plus personne aujourd'hui qui admette un sphincter vésical unique, faisant l'occlusion indépendamment de l'urèthre, pendant l'intervalle des mictions. En revanche, un certain nombre d'auteurs partagent l'opinion de M. le professeur Sappey. Voici comment s'exprime ce savant anatomiste après l'avoir décrit minutieusement :

« Ainsi constitué et disposé, le sphincter est un muscle puissant qui appartient non à la vessie, mais *à la portion prostatique de l'urèthre*. En vertu de l'action tonique propre à tous les muscles de cet ordre, il pré-

(1) Compendium of anatomy human and comparative. Edinburgh, 1817.

side à l'occlusion du col vésical et remplit deux usages également importants : d'une part, il ferme l'accès de l'urèthre à l'urine, d'où l'accumulation graduelle de ce liquide dans la cavité destinée à le recevoir ; de l'autre, il ferme l'accès de la vessie au sperme, en sorte que celui-ci, ne trouvant plus qu'une issue, est projeté au dehors » (1).

L'opinion de Jarjavay est à peu près la même que celle que nous venons de citer. Pour lui, le sphincter vésical est constitué par le faisceau postérieur de l'orbiculaire de l'urèthre et il est contigu en avant au faisceau intra-prostatique de ce muscle, comme il est en rapport en arrière avec les fibres antérieures du trigone vésical, qui se relèvent sur les parties antérieures et latérales de la vessie (2).

M. Guyon fait commencer le sphincter et le col vésical au niveau de la portion membraneuse de l'urèthre. Pour lui, les fibres musculaires placées autour de l'orifice uréthro-vésical ne se contracteraient pas séparément à l'état physiologique (3). C'est d'après une conception analogue que Kölliker a donné au même muscle le nom de *sphincter prostatæ* (4), et que Bartholi emploie indifféremment pour désigner la région des sphincters les expressions *cervix vesicæ*, *pars cervicalis urethræ*, *pars prostatica urethræ* (5).

La troisième opinion, celle à laquelle nous nous ral-

(1) Traité d'anatomie descriptive.

(2) Recherches anatomiques sur l'urèthre de l'homme, p. 174. Paris, 1856.

(3) V. Pouliot. De la Cystite du col, p. 7. Th. de Paris, 1872.

(4) Mikrokop. Anat , t. II, p. 406. Ed. allemande.

(5) Anat. Untersuchungen über die Harnblase des Menschen. Breslau.

lions, a été proposée par M. le professeur Dolbeau et adoptée depuis lors par Henle, et un grand nombre d'autres anatomistes : il y aurait un sphincter externe appartenant à la portion prostatique de l'urèthre et un sphincter interne sous-jacent. C'est à la partie de l'organe occupée par ce dernier muscle qu'il faut réserver le nom de col vésical. Dans la suite de notre travail, c'est elle que nous désignerons par cette expression. Si la contracture a porté sur l'urèthre en même temps que sur le col de la vessie tel que nous l'entendons, nous aurons soin de spécifier cette circonstance. Le sphincter interne et le sphincter externe diffèrent par leur nature et par leur rôle : le premier est formé de fibres lisses entièrement semblables à celles des plans musculaires du reste de la vessie ; le second est en grande partie composé de fibres striées. Sans doute, les descriptions anatomiques données jusqu'ici se ressentent notablement de la difficulté du sujet; mais il nous semble que M. le professeur Richet a jugé la question d'une façon un peu trop pessimiste, lorsqu'il a mis en doute l'existence même de l'un et l'autre sphincter. « Je partage, dit-il, l'avis de M. Cruveilhier, qui dit que le vague et l'incohérence des descriptions de ce sphincter prouvent assez qu'il n'existe aucune *disposition anatomique* bien évidente du col de la vessie » (1).

Nous n'avons donc pas à nous étonner si, lorsque la description anatomique d'un organe est aussi peu précise que celle du col vésical, ses fonctions forment encore la matière d'une foule de discussions. Quel est donc le mécanisme de l'accumulation de l'urine dans la ves-

(1) Traité d'anatomie médico-chirurgicale, 2e édition, 1873, p. 528.

sie? Quel rôle jouent les deux sphincters dans l'acte de la miction? Quelle influence exercent, sur ces phénomènes, l'encéphale et la moelle épinière? Ce sont là autant de questions qui sont encore très-loin d'être élucidées.

Avant que les études histologiques eussent montré les véritables rôles des muscles à fibres lisses, on croyait que l'urine était retenue dans la vessie par suite d'une action persistante de son sphincter; qu'elle en était expulsée lorsque la contraction des muscles de ses parois avait une énergie suffisante pour vaincre la résistance ainsi constituée. Nous savons aujourd'hui que ces contractions rapides et spontanées n'appartiennent point aux muscles de la vie organique; que leur action est lente, persistante et indépendante de la volonté. L'explication ancienne de la miction et de l'occlusion physiologique de la vessie n'est donc plus admissible.—Les théories que l'on a tenté de lui substituer ne sont pas bien mieux établies.

« Les recherches entreprises jusqu'ici, dit Henle, dans le but de savoir si, pendant la vie, le sphincter vésical se contracte ou non sous l'influence du système nerveux, n'ont pas donné jusqu'ici de résultats très-satisfaisants. Elles ont eu pour but de déterminer si la pression sous laquelle s'ouvre le sphincter est moindre après qu'avant la section de la moelle épinière. (V. Henle. Bericht, 1860, p. 105. — Uffelmann, *Zeitsch. f. rat. med.*, 3, R. Bd. XVII, p. 260.) La recherche est d'autant plus difficile, que les anatomistes se demandent encore pourquoi la contraction n'est pas produite par la réflexion d'une excitation portée sur les nerfs de la muqueuse vésicale.

Il me paraît impossible d'admettre un *tonus* du sphincter organique, puisque, lorsque les muscles superficiels qui entourent la vessie sont contractés, le sphincter organique est incapable de maintenir la vessie fermée si le sphincter animal ne reçoit pas une impulsion du système nerveux.

Ces données permettent de dire que le sphincter organique sert simplement d'auxiliaire aux autres muscles, et que lorsque leur contractilité est mise en jeu par suite de la réplétion de la vessie, sa puissance s'ajoute à celle du sphincter animal pour empêcher l'écoulement de l'urine jusqu'à ce que le besoin devienne insurmontable. » (1).

Il est pourtant un point sur lequel la plupart des physiologistes sont d'accord, c'est que la volonté joue dans la miction un rôle évident, et qu'il n'est pas possible de considérer comme des réflexes purs et simples tous les phénomènes nerveux qui la précèdent.

Budge (2), Kupressow, Gianuzzi (3) ont voulu acquérir une notion plus nette sur l'action des centres nerveux. Kupressow a remarqué que la résistance du sphincter vésical chez le lapin correspondant à une pression de 40 à 60 centimètres dans l'état sain, tombait à 10 ou 12 après une section complète de la moelle.

Une expérience analogue a été faite par Gianuzzi et Nawrocki. Ces deux physiologistes ont ouvert l'abdomen d'un chien vivant, mis la vessie à nu et lié un

(1) Handbuch der Eingeweidelehre des Menschen, p. 333-334.

(2) Ueber das Centrum genito-spinale des Nervus sympathicus. In Virchow's Archiv, 1858.

(3) Note sur les nerfs moteurs de la vessie. In Comptes-rendus de l'Académie des sciences, 5 décembre 1862 et 8 juin 1863.

uretère, puis introduit dans l'autre une canule munie d'un robinet. Cette canule communiquait, par le moyen d'un tube en caoutchouc, avec un entonnoir rempli d'eau à 35 degrés. On appréciait la résistance du sphincter par la hauteur de la colonne d'eau qui était nécessaire pour qu'il y eût écoulement continuel par l'urèthre. Cet écoulement ne dépendait pas des contractions de la vessie, car il cessait aussitôt qu'on fermait le robinet.

Sur un chien mâle, il fallut une pression de 63 centimètres d'eau pour déterminer l'écoulement continuel. Cette pression s'abaissa à 34 centimètres après la section des nerfs, et elle resta la même après la mort de l'animal.

Sur un chien femelle, la pression nécessaire pour vaincre la résistance du sphincter de la vessie, après la section des nerfs et après la mort, fut trouvée de $0^{m},22$.

Il résulte de là qu'après la mort il y a une résistance notable du sphincter de la vessie, et que cette résistance est la même que celle qu'on observe sur le vivant, après la section des nerfs qui se rendent à l'appareil vésical.

Budge a démontré, en excitant galvaniquement la moelle, que la résistance maximum du sphincter se présentait lorsque l'action portait au niveau de la quatrième vertèbre lombaire. Se fondant sur cette expérience, il admet l'existence d'un centre de la tonicité du sphincter vésical, siégeant dans la moelle lombaire. (1).

Les excitations portant sur la muqueuse de la portion prostatique de l'urèthre seraient suivies d'un réflexe qui déterminerait la contracture du sphincter vésical.

(1) Dictionnaire encyclopédique des sciences médicales, t. VII. Article *Miction*, par G. Carlet.

Il faut que la volonté entre en jeu pour que cette contracture soit vaincue et que l'urine s'écoule.

Cette explication, ne concordant pas avec l'expérience de Gianuzzi et Nawrocki, a l'avantage de rendre compte d'un certain nombre de faits observés dans les affections médullaires. Mais repose-t-elle sur des faits bien concluants? Nous allons en passer rapidement en revue plusieurs qui semblent, au contraire, militer fortement contre elle. La section de la moelle agit certainement sur les muscles lisses de la vessie au même titre que sur tous ceux de la région. Les phénomènes produits sont comparables à ceux que l'on observe après la section du sciatique. C'est un fait très-connu aujourd'hui, qu'après qu'on a coupé ce nerf, on constate une dilatation vasculaire et une calorification de tout le membre correspondant. C'est de là qu'était née la théorie vaso-paralytique. Mais aujourd'hui cette paralysie vaso-motrice est mise en doute et même rejetée. Goltz, admettant des centres vaso-moteurs périphériques, déclare hardiment, que le complément de l'expérience est encore à faire, et qu'il n'a jamais vu l'excitation du bout périphérique du nerf coupé, produire une constriction vasculaire suffisante pour amener un abaissement de la température (1).

Si nous mentionnons cette expérience, c'est afin de montrer que les conclusions tirées par Kupressow des faits observés dans la vessie après la section de la moelle, ne sont point aussi indiscutables qu'elles le paraissent au premier abord.

Pour démontrer que le *tonus* du sphincter organique

(1) Ueber Gefässerveiterende, Pflüger's Archiv, 1875.

de la vessie est sous la dépendance de la moelle lombaire, il ne suffit pas de prouver qu'il diminue de puissance après la section de la moelle; il faudrait démontrer encore que l'irritation électrique ou mécanique du bout inférieur de la moelle coupée, rend à ce tonus l'énergie qu'il avait avant la section. Nous avons emprunté cet exemple à la physiologie des vaisseaux, parce que l'innervation de la vessie présente une grande analogie avec la leur. Nous savons, en effet, que ses nerfs viennent tous du plexus hypogastrique, plexus mixte; qu'ils pénètrent dans ses parois, s'y divisent à peu près de la même façon que les nerfs de l'intestin le font dans l'intérieur de ses tuniques, disposition bien connue depuis les descriptions aujourd'hui classiques d'Auerbach et de Meissner. Or, nous savons, par les belles recherches de MM. Claude Bernard, Schiff, Brown-Séquard, complétées et si clairement exposées par M. le professeur Vulpian (1), que les nerfs vaso-moteurs ont une disposition analogue dans l'intérieur des parois vasculaires. Il est donc bien permis de comparer les phénomènes observés au niveau du col vésical, à la suite de la section de la moelle, à ceux que présentent les vaisseaux périphériques, lorsqu'on a sectionné le sciatique.

En admettant donc que l'urine s'accumule dans la vessie, par suite de la tonicité du sphincter vésical, ce que Henle met en doute, comme nous l'avons vu, il ne nous paraît guère possible d'aller plus loin et d'assigner aujourd'hui un centre médullaire à cette tonicité.

Pour le réflexe provoqué par le contact de l'urine à la

(1) Leçons sur les vaso-moteurs.

surface de la muqueuse uréthrale, il nous paraît également difficile de l'admettre ; nous avons vu que les anatomistes sont encore partagés sur le siége du sphincter interne ; qu'un grand nombre d'entre eux croient, avec Dolbeau, Henle, qu'il appartient à la vessie elle-même. Budge le place gratuitement dans l'urèthre, pour les besoins de sa théorie, sans avoir cité à l'appui, de nouvelles recherches anatomiques.

L'ingénieuse théorie de Küss (1), d'après laquelle l'occlusion serait consécutive à une action réflexe due à l'irritation de la muqueuse de la portion prostatique, n'est guère admissible pour nous qui croyons à l'existence d'un sphincter interne, formé de fibres lisses et dépendant de la vessie elle-même.

On pourrait encore objecter à cette théorie de nouvelles recherches, dues à Engelmann, sur la transmission des irritations dans les muscles lisses. Ses expériences sont d'autant plus en rapport avec notre sujet qu'elles ont eu pour point de départ la transmission des irritations dans les uretères, et que ce n'est que plus tard, que le mode de transmission dans le muscle cardiaque a été étudié.

Voici à quelles conclusions est arrivé ce physiologiste :

Pour être transmises, d'un point d'un uretère à un autre, les irritations ne réclament pas l'intervention d'un *arc réflexe* ; mais elles se propagent directement de cellule en cellule (2). Si cette opinion peut s'appliquer aux fibres lisses de la vessie, que devient la théorie de Budge ?

En résumé : dans l'état actuel de nos connais-

(1) Traité élémentaire de physiologie, publié par Mathias Duval.
(2) Pfluger's Archiv, 1875, p. 465-481.

sances, nous ne pouvons dire qu'une chose sur le mécanisme du fonctionnement de la vessie, pour ce qui touche à l'accumulation de l'urine et à son expulsion, c'est qu'une partie du phénomène est involontaire, et qu'une autre s'accomplit sous l'influence de la volonté. Par conséquent, la moelle et l'encéphale agissent l'un et l'autre, *simultanément*, chez l'individu sain ; isolément et inégalement dans certaines affections (la cystite aiguë du col, nous en donne un exemple frappant). Quant à la localisation de ces fonctions et à leur mode de production immédiate, les recherches faites jusqu'ici sont insuffisantes pour les expliquer d'une manière acceptable.

CHAPITRE II.

PATHOGÉNIE DE LA CONTRACTURE DU COL DE LA VESSIE

Si le chapitre précédent nous a donné l'occasion de constater l'existence de lacunes trop nombreuses dans nos connaissances actuelles sur le rôle physiologique du col de la vessie, en revanche il nous a fourni des données très-précieuses, à l'aide desquelles nous pourrons déterminer avec une certaine exactitude les conditions pathogéniques de la contracture du col vésical.

La moelle et l'encéphale, avons-nous dit, jouent l'un et l'autre un rôle actif dans l'occlusion de la vessie ; leur action se transmet par l'intermédiaire du plexus hypogastrique, dont les filets se distribuent aux muscles lisses et aux muscles volontaires qui constituent les deux sphincters.

Avec ces notions anatomiques, nous pouvons affirmer dès maintenant que les troubles dans le fonctionnement de l'axe cérébro-spinal, qu'ils soient dus à une lésion organique ou à l'une de ces affections dont l'anatomie pathologique est encore inconnue, retentiront sur l'occlusion volontaire ou involontaire de la cavité vésicale.

Si c'est une lésion grave, accompagnée ou suivie d'une destruction immédiate de la substance même des centres nerveux, les phénomènes observés appartiendront à la paralysie. Le plus souvent il y aura de l'incontinence d'urine, au moins dès le début, et la rétention que l'on voit parfois arriver un peu plus tard, sera un phénomène de même ordre. Dans aucun cas, il n'y aura de contracture absolue. Lorsque la vessie aura pris un volume insolite, lorsque le malade n'urinera plus que par regorgement, l'occlusion du col ne sera point aussi hermétique que lorsque son sphincter est contracturé.

Si, au contraire, on a devant soi une affection cérébro-spinale chronique procédant par poussées irritatives et détruisant sûrement, mais lentement, les cellules et plus tard les fibres nerveuses, elle agit en conséquence sur tous les organes et sur la vessie en particulier. Les irritations centrales retentissent sur le sphincter vésical et en amènent la contracture. Le cathétérisme se trouve ainsi rendu souvent impraticable.

D'un autre côté, les rameaux du plexus hypogastrique peuvent être intéressés directement, soit par une affection portant sur l'appareil génito-urinaire, soit par une lésion du rectum, du bassin, etc. Nous avons cru devoir ranger les contractures dues à ces dernières causes parmi les contractures réflexes; il n'est guère admissible, en effet, qu'un accès de colique néphrétique retentisse sur le col de la vessie sans que la sensation primordiale passe par la substance grise de la moelle.

Mais ces effets réflexes n'ont pas tous leur origine dans

l'appareil génito-urinaire ou les organes voisins. On observe quelquefois de la dysurie, de l'ischurie, du spasme du col vésical à la suite de grands traumatismes chirurgicaux de régions dont les nerfs ne communiquent avec ceux de la vessie que par l'intermédiaire de la moelle.

Nous diviserons donc en deux paragraphes cette partie de notre sujet : dans le premier, nous étudierons sommairement les contractures d'origine *centrale*; dans le second, celles de cause *périphérique*, que nous rangerons sous le nom générique de contractures réflexes(1).

§ I. CONTRACTURE DU COL D'ORIGINE CENTRALE

La part du cerveau et celle de la moelle épinière dans la miction et l'occlusion de la vessie ne sont pas les mêmes. Le rôle de la moelle est absolument physiologique. Celui du cerveau, sans être, à proprement parler, pathologique, est au moins exceptionnel. En d'autres termes, lorsque la volonté intervient dans l'occlusion de la vessie, c'est que la distension de cet organe a dépassé son maximum normal. On comprend donc que les spasmes d'origine cérébrale soient beaucoup moins fréquents et moins durables que les spasmes d'origine spinale. Nous allons les étudier en premier lieu ; puis, lorsque nous aurons passé en revue ceux qui ont leur source dans la moelle épinière, nous étudierons les contractures du col que l'on observe dans certaines névroses, dont le siége précis est encore ignoré.

(1) Par analogie, il est difficile d'admettre que la contracture du col vésical et de la région membraneuse existe isolément d'une façon *absolue*. Nous pensons qu'une appréciation différente est une affaire de degré.

1° Spasmes dus à une anomalie dans le fonctionnement de l'encéphale.

De toutes nos facultés, la volonté est celle dont le siége est le moins discutable. Si le département du cerveau auquel il appartient n'est pas déterminé, on sait parfaitement toutefois, que c'est dans l'encéphale qu'il réside; que les lésions de cet organe sont toujours suivies de perversions ou de pertes de la volonté. Il existe une sorte de contracture passagère du col vésical, à laquelle on pourrait donner le nom de contracture *volontaire*, et qui paraît avoir une origine cérébrale non douteuse. C'est celle qui survient quelquefois lorsque l'on a fait de violents efforts pour s'abstenir de mictions (1). Il en est des fibres striées du sphincter externe comme de toutes les autres; si elles répondent ordinairement sans hésiter aux appels de la volonté, en revanche, elles continuent parfois d'agir lorsque cette volonté n'existe plus, ou lorsqu'elle a pris une direction différente. Cette espèce d'obstination musculaire, à la suite d'un travail énergique et prolongé, est assez fréquente. (Par suite de la synergie du muscle de Brücke et du muscle droit interne, on voit assez souvent un strabisme passager, mais appréciable chez les personnes qui ont fait de longs efforts d'accommodation.) Cette action prolongée du muscle disparaît d'elle-même par le repos.

« Le spasme musculaire, dit Duchenne, de Boulogne, disparaît avec la suspension de la fonction musculaire qui l'a provoqué. »

Si pourtant les efforts se répétaient à de courts intervalles; si le sphincter volontaire prenait une sorte

(1) Cas rapporté par Ambroise Paré.

d'habitude de contracture, il pourrait arriver que le phénomène fût assez grave pour réclamer un traitement. Nous allons citer deux observations à l'appui de l'opinion que nous venons d'émettre.

Dans l'une d'elles, la suractivité du sphincter vésical dura peu d'heures. Le malade avait fait un écart de régime, un usage peut-être un peu trop copieux de boissons. Il fut obligé de faire un voyage d'une soixantaine de lieues en chemin de fer, et, pendant ce temps, il eut le tort de s'abstenir complètement de miction. Lorsqu'il arriva à la fin du voyage, il fit de vains efforts pour uriner. Ce n'est qu'au bout de deux heures, et après de nouvelles tentatives, qu'il parvint à répondre au besoin qui, pour être resté jusque-là non satisfait, n'en était pas moins impérieux.

Notre second malade avait une occupation qui l'obligeait à s'abstenir d'uriner pendant des demi-journées, et cela fort souvent. Au bout d'un certain temps, il survient une contracture spasmodique du col, qui exige, pour être guérie, le placement d'une sonde à demeure. Voici ces deux observations :

Obs. I (personnelle). (Écart de régime. Abstention volontaire et prolongée de miction pendant un voyage en chemin de fer.) — Spasme du col; repos; première miction difficile; disparition graduelle des accidents.

X..., âgé de 22 ans, a contracté une chaudepisse en novembre 1873; elle s'est prolongée jusqu'au mois de décembre 1875, offrant à diverses reprises des exacerbations plus ou moins fortes.

Depuis quatre mois, le malade ne conserve plus qu'une goutte le matin.

9 avril. Excès alcooliques dans la soirée.

Le lundi 10, au matin, voyage en chemin de fer, pendant huit heures. (Il est 3 heures du soir.) Pas de miction depuis la veille.

Premier essai d'uriner vers 3 h. 1/2. Pas de résultat.

Second essai à 4 h. 1/2, encore infructueux.

Enfin, après une heure de repos dans la station assise, X... a pu vider sa vessie qui d'ailleurs ne contenait pas plus d'urine que d'habitude.

Mais il lui a fallu de violents efforts, et il a éprouvé une sensation de cuisson, marquée surtout à la fin de la miction.

Le soir et les jours suivants il a parfaitement uriné sans remarquer rien d'analogue.

Obs. II (personnelle.) — Efforts habituels pour s'abstenir de miction; contracture du col vésical; dilatation progressive; guérison.

Le nommé Langlais (Louis-Alfred), âgé de 38 ans, journalier, entre le 10 septembre 1875 à l'hôpital Saint-Antoine, salle Saint-Joseph, lit nº 44. — Service de M. Duplay.

Pas de diathèse héréditaire, ni acquise. Aucune maladie jusqu'à l'âge de 28 ans. Jamais d'excès vénériens. Pas de blennorrhagie antérieure.

A 26 ans, le malade contracte un engagement militaire. Il est envoyé en Afrique. Après deux ans de séjour environ, il est pris des fièvres intermittentes, qui le forcent, à trois reprises différentes, à venir chercher la convalescence en France (ascite prononcée, cachexie). Il y reste enfin, après deux ans de séjour à l'étranger. Alors les accidents paludéens vont en diminuant et disparaissent complètement en 1870. Jusqu'à ce jour, point de rechute. Le malade a joui d'une bonne santé. Toutefois, il prétend qu'il est bien moins robuste que dans sa jeunesse.

En effet, on constate chez lui une teinte pâle des téguments avec un état marqué d'anémie.

Pendant son congé, il faisait fréquemment des excès alcooliques. Depuis ce temps, c'est-à-dire depuis quatre ans, il habite Paris. Sobre pendant douze jours, il passe, au moment de la solde, deux ou trois jours en état d'ivresse.

Dans l'exercice de sa profession, il n'est pas toujours libre de s'absenter quand il le désire, si bien que souvent il fait des *efforts* prolongés pour attendre un moment propice à satisfaire ses envies d'*uriner*.

Il y a trois mois environ, le malade s'aperçut qu'il mettait plus de temps à nriner que de coutume. Il examina le jet et le trouva en effet diminué de volume. Les envies sont plus fréquentes, il se lève la nuit. Durée plus longue de la miction. Pendant quelque temps le jet va diminuant de plus en plus et est divisé. Les envies et fausses envies se succèdent jusqu'à cinquante par jour. (Remarque : le malade prend des tisanes émollientes qui ne produisent pas d'amélioration.) Il fait de grands efforts pour vider sa vessie, et il met beaucoup de temps (un quart d'heure à vingt minutes).

Enfin, il y a trois semaines (9 septembre au soir), le malade éprouve des besoins pressants et répétés; mais, malgré tous ses efforts, il ne peut arriver à les satisfaire.

Il entre à l'hôpital, le 10 au matin.

État actuel. — On lui passe une bougie n° 8, qu'on laisse à demeure pendant dix minutes.

Apès ce cathétérisme, le malade a pu uriner seul, mais avec douleurs assez vives, surtout à la fin de la miction.

A partir de ce moment, on passe une fois par jour une bougie qu'on laisse en place de dix minutes à un quart d'heure. Elle est préalablement enduite d'une pommade belladonée. Le malade continue à uriner assez facilement (on passe les numéros 11 et 12).

2 octobre. Depuis cinq ou six jours, il éprouve, à diverses reprises dans la journée, quelques points douloureux dans toute la longueur du canal.

Le 6. Le malade se plaint de douleurs plus vives (sensation de brûlure). Sa chemise est tachée, et, en pressant l'urèthre, on fait sortir une goutte de muco-pus. Les urines donnent un dépôt assez abondant. Cependant le jet a repris progressivement un certain volume.

Le 10. Plusieurs frissons dans la journée (constipation datant de sept jours). Coliques violentes. Douleurs lombaires très-intenses. Traitement : eau de Sedlitz, cataplasmes laudanisés sur le ventre, application de quatre ventouses scarifiées de chaque côté des lombes. Depuis ce jour, on ne passe plus de bougies.

Les trois jours suivants, léger mouvement fébrile.

Les 14 et 15. Le malade ne se plaint plus. Les urines offrent encore un dépôt assez abondant. L'expérience faite avec l'ammoniaque ne révèle pas de pus. Les frissons ont cessé.

Les 16, 17, 18, 19, 20, 21. Le mucus diminue de quantité, la douleur pendant la miction se calme, et le 22, le malade dit qu'il n'éprouve plus cette sensation de brûlure dont il a été question.

Le 22. Il se sent très-amélioré. Il urine facilement sans douleurs. Le jet a le volume d'une sonde nº 18 environ; il n'est plus divisé. Il ne reste que quelques légers picotements au niveau du gland.

Le 23, le malade est envoyé à Vincennes en convalescence.

Une seconde variété de spasme du col, qui nous paraît d'origine cérébrale, est celui que l'on observe à la suite d'impressions morales vives. Un sentiment de pudeur exagéré (1), une surprise brusque sont parfois suffisants pour arrêter subitement le jet. Il est vrai que c'est là un spasme essentiellement clonique; il est fugitif et léger, comme l'impression qui l'a produit; si, au contraire, il s'agit d'un de ces phénomènes moraux énergiques dont l'organisme entier se ressent, la contracture est réelle et opiniâtre. « La colère, a dit un ancien, est une forme de folie. » Chez certains individus, ce phénomène psychologique présente une intensité telle, qu'elle nous permet d'apprécier la justesse de la maxime que nous venons de citer.

Les fonctions physiologiques se ressentent de cet état moral. Si la frayeur rend la miction continue et la soustrait à l'influence de la volonté, qui, du reste, existe à peine; la colère l'empêche, et souvent lorsque l'accès est passé, que la personne a repris son état normal, et rougit même de l'excès auquel elle s'est laissée aller, les effets persistent comme ceux des efforts musculaires. Cette contraction particulière, cette espèce de crispation qui accompagne la colère n'épargne point le sphincter strié de la vessie; elle semble même, dans certains cas, avoir pour lui une véritable préférence.

Le jeune homme dont l'observation va suivre était violent et entrait, à propos de choses insignifiantes,

(1) Malade de Civiale, t. II, 2e édition, p. 56.

dans de fortes colères. Chaque fois que la chose arrivait, il était pris d'une rétention d'urine, avec spasme douloureux du col.

Obs. III (personnelle). — Violent accès de colère; contracture du col vésical; cathétérisme; disparition rapide de l'accident.

Le nommé Pierre K..., âgé de 28 ans, entre à l'Hôtel-Dieu de Rennes le 22 août 1873. Il se plaint de ne pouvoir uriner et éprouve de vives douleurs.

Le cathétérisme ne révèle ni corps étrangers ni rétrécissement. Avec la sonde évacuatrice, on donne issue à une quantité assez abondante d'urine. Aussitôt après, les symptômes douloureux disparaissent. Le malade, interrogé, raconte qu'après une violente colère, il a éprouvé des besoins fréquents et impérieux d'uriner. Après vingt heures, les douleurs étaient si vives, qu'il s'est fait transporter à l'hôpital.

Après une nouvelle investigation de la part du chirurgien, il devient très-manifeste que le canal est complètement libre. Le malade n'offre aucun signe de tubercules prostatiques, et les vésicules séminales sont complètement intactes. On diagnostique alors une névralgie du col vésical de cause inconnue.

D'après les commémoratifs : pas de blennorrhagie antérieure, pas d'excès vénériens, pas de cystite cantharidienne, etc.

On garde le malade à l'hôpital, et le 27 août, après une discussion vive, Pierre K.. présente des symptômes névralgiques du col vésical. On fait un seul cathétérisme, et tout disparaît.

Le 8 octobre, le malade, d'une humeur difficile, éprouve après s'être battu, les mêmes accidents.

Il sort de l'hôpital le 30 septembre, ne conservant rien de son affection; et, dans les quelques mois qui suivent, il vient plusieurs fois réclamer un seul cathétérisme nécessité par les mêmes causes.

Nous ne citerons que ces trois observations quoique les différents journaux de médecine en renferment beaucoup d'autres dans lesquelles le spasme du col a suivi la même marche.

Nous n'avons pas non plus l'intention d'insister

sur les affections cérébrales, comme nous l'avons dit, c'est plutôt la paralysie vésicale et l'incontinence d'urine que le spasme et la rétention qui les caractérisent. Pourtant certaines hémorrhagies bien limitées donnent parfois lieu à des contractures légères au moment de la période de réparation. Le ramollissement est dans le même cas : ce n'est point au moment de l'ictus apoplectique que le phénomène s'observe, les choses marchant alors sensiblement comme dans l'hémorrhagie, c'est peu de temps avant l'attaque, lorsque les symptômes prodromiques sont seuls évidents, que l'on voit survenir la contracture du col. Il arrive souvent qu'un vieillard se plaignant habituellement de céphalalgie et de vertiges, ayant perdu presque totalement la mémoire et pleurant hors de propos, se plaint tout à coup de rétention d'urine. Au moment du cathétérisme, on est surpris d'éprouver, à l'entrée de la vessie, une résistance particulière. Comme la prostate est volumineuse à cet âge, et que la muqueuse vésicale a subi des modifications plus ou moins importantes, on met la difficulté sur le compte de la glande ou sur la présence d'une valvule du col. Après avoir essayé des sondes de courbure et de calibre différents, on pénètre le plus souvent dans la vessie. L'urine évacuée ne contient ni sang, ni pus, il n'y a pas de douleur hypogastrique ; par conséquent, il est impossible de songer à une cystite du col. Le lendemain le cathétérisme est possible et le surlendemain le malade urine seul.

Ces cas sont de véritables contractures du col ; on en rencontre qui offrent le même aspect et la même marche dans la paralysie générale. Nous ne parlerons pas de celles que l'on a signalées parfois dans les tumeurs de la base du cerveau, leur mécanisme est différent et se rapproche de celui des contractures d'origine spinale.

2° Contractures par suite de troubles portant sur la moelle épinière.

Toutes les affections de la moelle peuvent produire le ténesme vésical et le spasme douloureux du col.

« Il est de règle dans la myélite par compression lente, dit M. Charcot, que la vessie conserve en grande partie l'intégrité de ses fonctions pendant un laps de temps relativement considérable, mais les troubles peuvent survenir si la compression siége très-haut, vers le milieu de la région dorsale par exemple ; on observe en général de la difficulté dans l'émission des urines. Cette difficulté semble due à ce que les muscles qui jouent le rôle de sphincter restent dans un état de spasme permanent. » (1)

Dans l'ataxie locomotrice, on voit souvent les viscéralgies du début atteindre la vessie et l'urèthre. Dans ces cas, le spasme est douloureux, comparable à celui que l'on rencontre dans la cystite du col. M. le Dr Voisin a eu l'occasion d'observer un spasme de cette nature. Chez une femme atteinte de parésie des membres supérieurs et d'hyperesthésie générale, la moindre goutte d'urine qui passait par le canal uréthral déterminait des douleurs très-vives ; les rapprochements sexuels étaient également très-douloureux. Des injections de morphine firent disparaître l'hyperesthésie cutanée et la douleur en ceinture, mais ne purent calmer l'hyper-

(1) De la compression lente de la moelle ; leçons faites à la Salpêtrière en 1873, fasc. II, p. 114.

esthésie de la vessie. Celle-ci fut guérie par le bromure de potassium à faible dose ; elle reparut dès qu'on cessa l'emploi de ce médicament et disparut lorsque le bromure de potassium fut de nouveau administré (1).

3o Contractures du col vésical dans les névroses.

La contracture hystérique peut porter sur les fibres du sphincter volontaire, aussi bien que sur celles des muscles de la cuisse. Il est rare toutefois que ce spasme soit isolé ; le plus souvent, il accompagne une névralgie vésicale d'une intensité variable. « Les conditions anormales dans lesquelles se trouvent les femmes hystériques, surtout au point de vue de la sécrétion urinaire, sont habituellement fort obscures dans leur nature et leur origine. Quelques auteurs disent que l'on a de bonnes raisons de croire que l'urèthre, chez la femme, est soumis à la contraction des muscles involontaires comme chez l'homme (2).

M. Hamon a rapporté 4 cas de cystalgie hystérique, accompagnés, du côté du col, de phénomènes analogues à ceux que nous étudions (3).

Nous pourrions ranger à la suite des contractures qui surviennent dans les névroses, celles qui suivent parfois d'autres phénomènes nerveux dans lesquels la sensibilité est mise en jeu d'une façon exceptionnelle. On sait parfaitement aujourd'hui que les excès vénériens peuvent retentir à longue échéance sur la moelle.

(1) Séance de la Société de médecine de Paris. V. *Gazette des Hôpitaux*, 1872, p. 254.

(2) Thompson. Leçons cliniques sur les maladies des voies urinaires. Traduction française, p. 297.

(3) *Union médicale*, 1859, t. III, p. 564.

Depuis Romberg, on compte, parmi les causes du *tabes dorsualis*, la copulation exagérée, et surtout pratiquée pendant la station verticale. Dans certains cas, les effets se produisent plus vite, et sont, à vrai dire, moins redoutables. Il paraîtrait que l'intervention de la volonté, au moment de l'orgasme vénérien, apporterait une véritable perturbation dans les fonctions médullaires et qu'elle pourrait être suivie de contracture spasmodique du col. Dans le cours qu'il a professé, cet hiver, à l'École pratique, M. le Dr Reliquet a rapporté l'histoire d'un malade de province, âgé de 40 ans environ, chez lequel les choses se passèrent comme nous venons de le dire.

— Ce brave propriétaire se fût révolté à la seule pensée d'un coït extralégal. Sa jeunesse, très-calme, n'avait été éprouvée par aucune de ces péripéties auxquelles peuvent succéder plus tard des rétrécissements inflammatoires ou cicatriciels. Aussi la frayeur du malade fut-elle extrêmement vive lorsqu'il s'aperçut que, pendant la miction, le jet devenait petit, filiforme, et que parfois, il ne pouvait uriner qu'après un repos de une ou deux heures. Aucune douleur vésicale, aucun accès antérieur de colique néphrétique, ne pouvait faire songer à la présence d'un calcul. Lorsque M. Reliquet le vit, il l'examina longuement et méthodiquement, et ne put constater l'existence d'aucune affection sérieuse des organes génito-urinaires ou des régions du voisinage. Il n'y avait ni douleurs fulgurantes, ni troubles sensitifs, qui pussent faire croire à une affection médullaire. A la fin, M. Reliquet eut l'idée d'interroger ce malade, eu égard à l'accomplissement des rapports sexuels. Il apprit qu'il avait les grandes familles en horreur, et ne tenait nullement à procurer à sa femme l'honneur de ressembler à la vigne abondante de l'Écriture. Sous l'empire de cette préoccupation, la dernière période de l'orgasme vénérien était toujours limitée et dirigée par l'action de sa volonté. C'était là, suivant M. Reliquet, la cause immédiate de la contracture du col.

Aussi, après avoir vaincu sans difficulté la stricture, le savant praticien eut-il soin de recommander à ce malade un peu moins de prévoyance pour l'avenir de ses enfants, et un peu plus d'abandon dans l'accomplissement de ses devoirs conjugaux. (Guérison rapide).

Nous n'insistons pas plus longtemps sur ces points ; ces spasmes, d'origine médullaire, ayant été signalés d'ailleurs. Nous les mentionnons, afin de pouvoir en tenir compte dans la valeur séméiotique de la contracture du col vésical.

§ II. CONTRACTURES RÉFLEXES.

Nous avons rangé, sous ce nom, toutes les contractures que nous allons étudier, bien que dans certains cas elles ne soient pas ou ne paraissent pas purement et simplement de nature réflexe. Celles qui suivent la cystite du col, par exemple, pourraient, au besoin, être considérées comme le résultat d'une action directe de la phlegmasie sur les fibres du sphincter vésical. Cependant, nous ferons observer qu'elles se présentent souvent à la période aiguë de la maladie, lorsque la douleur atteint son maximum, qu'elles cessent avec elle et que l'affection est suivie de *restitutio ad integrum*. Mais ce n'est point ainsi que se comportent les contractures que l'on trouve à la suite des affections organiques des muscles. Du reste, les phlegmasies des muqueuses ne provoquent point la contracture, mais bien la paralysie des fibres musculaires sous-jacentes (loi de Stokes).

Il nous semble que, même dans la cystite du col, la contracture est un phénomène d'ordre purement réflexe. Nous diviserons donc ce paragraphe de la manière suivante :

1° Contractures consécutives à une affection d'une partie de l'appareil génito-urinaire ;

2° Contractures apparaissant à la suite d'une lésion de voisinage ;

3° Contractures par suite de lésions d'organes éloignés.

A. Contractures consécutives à une affection des organes génito-urinaires.

Toutes les parties de cet appareil peuvent donner lieu à des contractures du sphincter vésical. Cependant, avant d'étudier celles qui surviennent à la suite des affections de chacune des parties de cet appareil, prises isolément, nous formulerons une loi que nous a donnée M. le professeur Verneuil, et que toutes les observations que nous avons pu réunir tendent à confirmer. Nous croyons que cette loi, qui fait le plus grand honneur à l'esprit de généralisation du savant chirurgien, n'a encore été formulée par personne. C'est que les lésions portant sur la portion pénienne de l'appareil génito-urinaire (1) sont suivies de contracture du sphincter

(1) V. le Mémoire du Dr Cornillon (typ. et lith. Bougarel), Vichy, 1873.

antérieur (portion membraneuse), tandis que celles qui portent sur une partie supérieure du même appareil, sont suivies de contractures du sphincter postérieur (c'est-à-dire du col vésical).

Nous allons voir que des capsulites des affections de l'uretère, du bassinet, du rein, etc., ont été accompagnées de rétentions d'urine tellement complètes, qu'il a fallu dans certains cas avoir recours à la ponction.

Voyons d'abord les contractures consécutives à des affections de la vessie.

1° — *Cystite du col.* — Cette affection, étudiée par Civiale, en produit très-souvent. Dans certaines cystites du col, toutes les tentatives de cathétérisme sont infructueuses; dans d'autres, il faut traiter la contracture absolument comme un rétrécissement organique, et ce n'est qu'après une dilatation méthodique et prolongée que l'on peut avoir raison de la contracture.

Nous citons deux observations de contracture consécutive à cette cystite partielle.

Obs. IV. — Cystite du col et prostatite subaiguës; contracture spasmodique du col; ischurie complète; ponction capillaire sans aspiration; guérison (1).

Lombardi Paolo, 61 ans, homme de haute stature et d'excellente constitution ; jusqu'à l'âge de 59 ans, il n'avait eu à souffrir que d'affections légères et sans rapport avec la maladie actuelle.

Jamais de blennorrhagie ni d'accidents syphilitiques.

Au commencement de 1873, il commença à éprouver, pendant la miction, quelques troubles légers qui consistaient en un sentiment de pesanteur et de douleur dans le fond du bassin, dans la région périnéale et le long de la verge. Tous ces troubles s'exa-

(1) Edoardo Bassini. Annali universali di medicina e chirurgia, 1875 vol. 233, p. 126.

géraient à la suite d'excès de travail et d'écarts de régime. Ces exacerbations devinrent telles qu'elles l'obligèrent d'entrer à l'hôpital de Pavie.

Il fut reçu dans un service de médecine, où l'on posa le diagnostic suivant : Prostatite et cystite du col. — Le traitement consista en injections calmantes à l'intérieur de la vessie et en applications de sangsues au périnée.

Au bout de 15 jours, les accidents inflammatoires avaient disparu. Il resta pourtant au malade un peu de dysurie et une grande tendance aux cystites du col.

Au mois de mars 1875, à la suite d'nn écart de régime, ischurie complète et accidents inflammatoires redoutables. On fait appeler un chirurgien qui, n'ayant pu réussir à pénétrer dans la vessie, envoie le malade à l'hôpital S.-M. de Pavie.

Le 10 mars 1875, nouvelles tentatives infructueuses de cathétérisme. Comme la distension de la vessie n'est pas portée à l'extrême, l'auteur se borne, pour calmer les douleurs, à faire une injection hypodermique de 1 centigr. de morphine.

Le 11 mars. A 11 du matin, le malade se trouve dans l'état suivant : depuis 30 heures, l'émission des urines est impossible. Depuis 4 à 5 heures, le malade éprouve dans la région hypogastrique, sur le périnée et le long de la verge des douleurs tellement vives qu'elles lui arrachent des gémissements. — Agitation, face vultueuse, respiration thoracique anxieuse, ventre douloureux et tuméfié dans la région hypogastrique. A la palpation, on trouve une tumeur arrondie qui s'élève jusqu'à quatre travers de doigt au-dessus du pubis, de la grosseur et de la forme d'une tête d'enfant, à surface lisse, tendue, élastique, mate à la percussion et très-douloureuse à la pression.

Par le toucher rectal, on réussit à peine à atteindre, avec l'extrémité de l'index, la prostate et le bas-fond de la vessie. Le 8, à 10 heures, quelques gouttes d'urine s'écoulent. T.A. 39° 8. P. 100.

Par les symptômes subjectifs et objectifs il était facile de conclure que l'on avait affaire à une ischurie causée par une hypertrophie du lobe médian de la prostate et compliquée d'une attaque inflammatoire subaiguë de la prostate et du col de la vessie; et que la première portion de l'urèthre en était absolument indemne. Nouvelle tentative infructueuse de cathétérisme.

Comme l'évacuation de l'urine ne paraissait pas encore absolument indispensable, on a recours aux moyens antiphlogistiques

(12 sangsues à la région périnéale). Bain. Pas de soulagement. La vessie alors arrive jusqu'à l'ombilic ; agitation et anxieté extrêmes. Ténesme vésical permanent. Ponction capillaire. On retire 1400 gr. d'urine. Le malade passe la nuit tranquillement. T. A. 38° 2. P. 90.

Nouvelle application de sangsues au périnée et bain.

Le lendemain le malade put rendre spontanément 200 gr. d'urine. Le jour suivant il en rendit 400 gr. Depuis lors la température descendit à 37° et le pouls à 64.

Il quitta l'hôpital 15 jours après dans un état très-satisfaisant.

Cette observation n'est pas très-concluante. L'extension de la phlegmasie à la prostate suffirait à expliquer la difficulté du cathétérisme. Cependant la mention expressément faite par l'auteur que la dernière portion de l'urèthre était entièrement libre, nous a fait supposer qu'il n'avait rencontré d'obstacle qu'au niveau du sphincter postérieur. Il est fâcheux qu'il n'ait pas fixé par une mensuration exacte le point où s'était arrêtée sa sonde. — Il s'agissait ici d'une cystite aiguë. Nous avons eu l'occasion de voir nous-même, dans le service de notre excellent maître, M. Duplay, un malade atteint de cystite chronique, chez lequel l'occlusion de la vessie était un peu moins complète. La contracture put être franchie, et on la guérit par la dilatation progressive.

Obs. V. (Personnelle). — Cystite chronique, avec contracture du col vésical.

Le nommé F..., 25 ans, entre le 6 avril, salle S.-Barnabé, n° 35, dans le service de M. Duplay.

A 17 ans, à la suite d'excès de coït et de boissons, ce malade a eu un écoulement simple qui a persisté un mois environ. Il n'a pas eu de douleurs en urinant, et dans la suite il n'est pas resté de goutte apparaissant le matin. Un peu de copahu et cinq ou six injections ont tout fait disparaître. Il y a deux ans, il contracte une chaudepisse d'une moyenne intensité, caractérisée toutefois par la douleur à la miction et par un écoulement verdâtre qui tachait la chemise. L'écoulement a persisté deux mois environ. Pendant ce temps, le malade a suivi un traitement (copahu et injections).

Mais le jour où il a vu l'écoulement cesser, il a repris son ancienne vie et cessé alors tout traitement.

Pendant quelques mois il ne remarqua rien du tout de ce côté, et ne se préoccupa pas s'il y avait une goutte le matin.

Il y a 18 mois environ, il a senti à chaque miction une légère douleur qui lui a fait consulter le médecin de l'endroit. De là quelques injections et un traitement interne. Puis cessation de traitement, mais la douleur persiste quand même; de plus il a remarqué que le jet diminuait chaque jour de volume.

Au mois d'octobre dernier, la douleur persistait en urinant, et de plus il remarqua que l'éjaculation était très-douloureuse.

Alors, au mois de septembre, il vint à la consultation de M. Duplay, qui lui ordonna un traitement complet (bains, pilules, extrait thébaïque le soir, sirop de bourgeons de sapin, régime sévère). Ce traitement a été suivi très-exactement jusqu'au mois de mars, et pendant ce temps le malade n'a pas vu de femme.

Quant à la douleur en urinant, elle persistait toujours, quoique légèrement améliorée. Il y a un mois, nouvel essai de coït et apparition de la même douleur pendant l'éjaculation.

Alors il se décide à entrer à l'hôpital.

Etat actuel. — 10 avril. On fait l'exploration avec la bougie à boule n° 17, on sent une résistance à 13 centimètres et demi du méat en allant; on passe cependant, et en revenant on est arrêté à 16 centimètres. Repos de quatre jours, bains.

Le 14. Introduction d'une bougie n° 20, qui passe sans grande difficulté (débridement préalable du méat); douleurs très-vives; cependant le malade peut la garder une demi-heure.

Le 15. Passage de la même bougie, douleur forte, mais un peu moindre que la veille; le malade peut garder la bougie une heure.

Le 16. Même bougie, douleur plus forte à l'introduction, il ne peut la garder que quarante minutes.

Le 17. Même bougie (une heure un quart).

Le 18. Légère tuméfaction du gland, rougeur vive; on passe la sonde malgré cela (une heure); on fait mettre un cataplasme dans la journée.

Le 19. Tuméfaction et rougeur diminuées ; on passe la même bougie ; on ordonne encore un cataplasme ; il garde la sonde une heure.

Le 20. On ne passe pas de sonde pour éviter l'inflammation.

Le 21. On passe le n° 23 ; cataplasme à cause d'une très-forte douleur à l'extrémité du méat.

Le 22. Repos.

Le 23. Passage du n° 23.

Le 24. Repos ; douche.

Le 25. Repos.

Le 26. Nouveau débridement du méat ; passage de la sonde.

Le 27. Passage de la même sonde.

Le 28. Passage du n° 26.

Les 29 et 30. Même état.

Le passage de cette bougie est très-bien toléré. Le malade urine avec un jet ordinaire et sans douleur ; sur sa demande, il quitte l'hôpital le 1er mai ; on lui recommande de prendre des bains fréquents, de se passer de temps à autre une bougie n° 22, et enfin d'observer un régime sévère.

J'ai rencontré mon malade en octobre 1875 ; il m'a raconté alors qu'il a rigoureusement observé les recommandations qu'on lui a faites. Il a été d'une continence presque absolue.

Toutefois, ayant tout récemment essayé du coït, il a remarqué que l'éjaculation n'était plus douloureuse. Tous les symptômes ont diminué d'intensité ; il lui reste seulement une gêne légère pour uriner et une certaine sensation de pesanteur dans la région périnéale.

Tout nous porte à croire que ceci va guérir (1).

A la suite de la cystite du col, vient une autre affection que l'on n'a point constatée jusqu'ici chez l'homme : nous voulons parler des fissures du col vésical. Il se fait parfois chez la femme de petites érosions de cette région ; la douleur qui les accompagne est atroce et comparable à celle des fissures à l'anus. Elle disparaît vite après la cautérisation. Dans une observation de M. Guyon, la malade fut complètement guérie après un

(1) Se reporter au *Nota* du bas de la page 44

mois de traitement par les instillations au nitrate d'argent (1).

Cette contracture très-énergique, et accompagnée de douleurs à caractères névralgiques, a été observée un certain nombre de fois. Nous n'en rapporterons ici que deux cas, l'un cité dans le *Bulletin de Thérapeutique* de 1870, l'autre dû à Spiegelberg, et dont nous rapportons l'analyse d'après le *Centralblatt für Chirurgie* (1875).

Voici textuellement l'article du *Bulletin de Thérapeutique :*

« De même qu'il existe des hyperprophies douloureuses, ou polypes de la membrane muqueuse du méat urinaire chez la femme, de même on rencontre sur la même membrane, soit dans l'urèthre, soit au col vésical, des ulcérations simples et des fissures qui deviennent le siége de douleurs très-vives pendant et après la miction. Nous en trouvons un exemple chez la femme entrée dans le service de M. Gueneau de Mussy, à l'Hôtel-Dieu. Chez cette femme jeune et accouchée depuis deux mois, la difficulté et la la douleur qui accompagnaient l'émission de l'urine avaient pour origine l'époque même de l'accouchement, et l'on sut que cet accouchement avait été laborieux, que la tête du fœtus était restée longtemps au passage, et avait dû presser fortement sur le col de la vessie et de l'urèthre. Il y avait eu presque aussitôt de la dysurie, et parfois même on avait été obligé de sonder la malade ; puis cet état, d'abord tolérable, s'aggrava avec la quatrième semaine. Parfois le jet d'urine s'échappait involontairement et par saccade brusque: d'autres fois la miction n'était pas plus fréquente, mais toujours elle était douloureuse et atroce, même au moment de l'émission des dernières gouttes. L'urine aussi était troublée et contenait du sang et des leucocytes. Après avoir éliminé l'hypothèse d'une maladie calculeuse que ne confirmait pas le cathétérisme, M. Guéneau s'arrêta à ce diagnostic: cystite du col avec uréthrite d'origine traumatique, et se rattachant aux circonstances de l'accouchement.

(1) V. Thèse de Pouliot, p. 107, Paris, 1872.

Voulant toutefois prendre à cet égard l'avis du chirurgien spécialement chargé du cours complémentaire des maladies des voies urinaires, il consulta M. Voillemier, qui diagnostiqua une fissure du col vésical. affection dont il venait de voir un exemple chez une femme récemment accouchée. Le cas était en tout semblable à celui de la malade de M. Gueneau. Mêmes troubles fonctionnels, même composition du liquide urinaire. On avait pensé d'abord à un polype du col de la vessie, mais la sonde ne constata rien de semblable ; l'instrument fut retenu seulement par un *spasme du col*, spasme très-doulooreux, et dont la sensation persista après le retrait de la sonde, comme elle persistait après la miction. Agissant dès lors, par analogie, comme s'il eût eu devant lui une fistule anale, M. Voillemier chloroforma la malade, et, introduisant jusque dans la vessie une pince à branches longues et minces, il la retira en la tenant avec force demi-ouverte, et pratiqua ainsi la dilatation forcée, inaugurée par Récamier dans le traitement de la fissure à l'anus. Le succès fut immédiat et complet.

Aussi, M. Voillemier conseilla-t-il à M. Gueneau d'appliquer la même méthode à sa malade. M. Gueneau y était décidé, mais il voulut, avant d'en venir là, essayer de l'azotate d'argent en injection. La solution dont il se servit les deux premiers jours fut celle-ci :

Azotate d'argent.	0 gr. 20
Eau distillée.	40 gr.

Les deux jours suivants, la dose du sel fut portée à 30 centigrammes ; puis du cinquième au quinzième jour de 40 à 50 centigrammes.

Après quatre ou cinq jours, les douleurs avaient notablement diminué; un peu plus tard elles cessèrent ; l'urine redevint normale, et en quinze jours de traitement, la guérison de cette affection si pénible était définitive.

La malade de Spiegelberg a présenté, comme nous allons le voir, sensiblement les mêmes symptômes :

Obs. VI. — Contracture du col à la suite d'une ulcération de l'urèthre (1).

A la suite d'un accouchement, il était resté une contracture du

(1). Vortrag in der med. Section der Sclesischen Gesellschaft. (Berl Klinische Wochenschrift, 1875, n. 16).

col vésical qu'aucun traitement n'avait pu vaincre. L'auteur crut à un polype de l'urèthre et le dilata avec l'instrument d'Ellinger; cette petite opération fut suivie d'une douleur très-vive qui disparut bientôt. On ne trouva pas de polype et l'état de la malade fut amélioré. Au bout de quelques jours nouvelles dilatations avec l'instrument de Busch d'abord, puis avec la valve de Jobert. On découvre vers l'extrémité vésicale de l'urèthre une ulcération granuleuse, longue de un demi-centimètre. Pas d'écoulement sanguin, guérison en cinq jours.

2° *Contracture par lésion des vésicules séminales.* — Les affections des vésicules séminales sont assez rares. Nous les mentionnons ici cependant, parce que M. le professeur Verneuil a eu l'obligeance de nous communiquer verbalement un cas de sa pratique hospitalière, dans lequel un abcès (1) de la vésicule séminale droite donna lieu pendant la vie à une contracture des plus rebelles du col de la vessie. De pareils faits sont exceptionnels. Peut-être en trouverait-on davantage si les auteurs qui ont mentionné les contractures infranchissables eussent apporté un plus grand soin pour remonter à la cause.

3° *Contracture par lésion du rein et des voies urinaires supérieures.* — Nous n'avons trouvé qu'une seule observation dans laquelle la contracture ait succédé à une affection bien nette du parenchyme rénal.

A la suite d'une contusion du rein, on vit survenir une rétention d'urine que l'on guérit rapidement par le cathétérisme. Cette circonstance est assez curieuse ; car, sur quarante observations contenues dans la thèse de M. le Dr Bloch (2), auquel nous empruntons le renseignement qui précède, on ne l'a notée qu'une seule fois.

(1) Vérification après une mort accidentelle.

(2) Paris, 1873.

Chez une autre malade, une religieuse de l'hôpital Lariboisière, soignée par M. le professeur Verneuil, il y avait une violente contracture du col vésical. On ne savait tout d'abord à quoi attribuer ce symptôme ; plus tard, apparurent les signes d'une néphrite suppurée, à laquelle la malade succomba. Cette note vient à l'appui du fait mentionné dans l'observation précédente. Il tend encore à confirmer la loi que nous énoncions plus haut sur la contracture des deux sphincters uréthraux.

Dans l'observation suivante, on trouvera une confirmation plus catégorique encore. Il s'agit d'un homme atteint de rétention d'urine ; on fut obligé de vider deux fois la vessie par aspiration. Bien que la contracture ait été guérie presque aussitôt, le malade succomba dans la suite à des accidents urémiques. L'autopsie démontra que l'urèthre et la vessie étaient sains, tandis qu'il y avait une petite tumeur de l'uretère droit qui avait déterminé, en l'obturant partiellement, une dilatation des bassinets et une pyélite consécutive.

Obs. VII (inédite). — Contracture spasmodique du col vésical; cathétérismeimpossible; deux ponctions avec l'appareil Dieulafoy; cathétérisme possible le troisième jour; guérison du spasme; affaiblissement graduel; marasme; accidents urémiques; mort; autopsie; tumeur sur le trajet de l'uretère droit; dilatation de l'uretère et des bassinets; pyélite (1).

Leclerc (Louis), 66 ans, anciennement tailleur, est reçu à l'infirmerie de l'hospice des Incurables, à Ivry, salle St-Jean-Baptiste, nº 35, le 9 janvier 1874. Ce malade est venu à l'hospice il ya deux ans à cause d'une cécité qui a marehé graduellement et, depuis lors, lui permet à peine de distingner son chemin. Il n'est jamais entré à l'Infirmerie depuis son séjour à l'hospice ; sa santé est habituellement bonne. Il n'a jamais fait d'excès al-

(1) Observation communiquée par M. le docteur Auguste Ollivier.

cooliques; mais il avoue avoir fait pendant toute sa vie de nombreux excès génésiques; jamais de syphilis, ni de blennorrhagie, jamais d'hématuries ni d'accès de coliques néphrétiques.

Il entre aujourd'hui à l'infirmerie pour un phlegmon diffus de l'avant-bras, apparu, d'après ce qu'il dit, spontanément.

Le 10 janvier. Cataplasmes, immobilisation du membre.

Le 12. Grandes incisions.

Le 10 février. Le phlegmon est complètement guéri; cependant, le malade a toujours la langue chargée, il se plaint d'une dyspepsie habituelle, et de fièvre vespérine ; teinte cachectique de la peau; rien dans les deux poumons; pas de dilatation de l'estomac, quelques vomissements de matières alimentaires, sans trace de sang ni de matières noirâtres. Urines normales dans leur quantité et leur qualité ; de temps en temps, vertiges et même étourdissements; sulfate de quinine, 25 centigrammes par jour, vin de quinquina et de Bagnols.

Le 20. Le malade s'étant levé hier, a eu un étourdissement et a dû regagner son lit, soutenu par deux infirmiers. On pense à un éblouissement causé en partie par son affection oculaire. (A l'examen ophthalmoscopique, on a reconnu que celle-ci était une choroïdite disséminée, accompagnée de troubles de la capsule cristallinienne.)

Le 10 mars. A la visite du matin, le malade se plaint de n'avoir pas uriné depuis plus de 24 heures. La vessie remonte jusqu'à quatre travers de doigt au-dessus du pubis.

Par le toucher rectal, on trouve que la prostate est peu volumineuse et ne présente rien d'anormal; tentatives infructueuses de cathétérisme avec des sondes de différents calibres. La sonde est arrêtée à l'extrêmité du canal de l'urèthre ; bain de trois quarts d'heure. Le malade n'a pas uriné. Le soir à 8 heures, tentative infructueuse de cathétérisme ; ponction avec l'appareil Dieulafoy. On retire un litre et demi d'urine claire non sanguinolente, ne contenant ni pus, ni albumine.

Le 11. Nouvelle tentative de cathétérisme faite par M. le Dr Périer. Les sondes les plus fines sont arrêtées au niveau du col de la vessie. Nouvelle ponction : 1 litre d'urine.

Le 12. Bain de trois quarts d'heure. En plaçant dans le canal plusieurs sondes en gutta-percha de très-fin calibre, on parvient à entrer dans la vessie. Placement d'une sonde à demenre.

Le 25. On retire la sonde, mais on éprouve toujours une certaine résistance au niveau du col vésical. L'état général est resté le même, pendant tout ce temps; le malade est dyspeptique; au dernier examen, on a trouvé un peu de pus dans les urines; c'est pour cela qu'on retire la sonde.

Le 4 avril. Les urines sont alcalines; elles contiennent toujours un peu de pus; le malade pisse assez facilement pour qu'il ne soit plus nécessaire d'évacuer l'urine par le cathétérisme; rien d'appréciable par le toucher rectal.

Le 15 mai. Vomissements verdâtres le matin; urines toujours alcalines, mais ne contenant pas de pus; léger frisson tous les soirs, sans augmentation marquée de la température (T.R. 37•4), eau de Vichy; pepsine, 4 gr. par jour.

Le 28. La cachexie s'accuse de plus en plus; langue saburrale. Il vomit les aliments, solides et même liquides. Rien du côté de l'appareil respiratoire ou digestif; rien au cœur, urines toujours alcalines et contenant un peu de pus.

16 juin. Amaigrissement de plus en plus marqué. Mouvement fébrile tous les soirs. T.-R. 38°4. Teinte cireuse de la peau. Le matin : convulsions épileptiformes ayant duré environ dix minutes. Pas d'aura. Convulsions cloniques des muscles de la face et des membres supérieurs et inférieurs. Pas de période de contractions toniques à la suite.

Le 20. Nouvelles convulsions épileptiformes. Sulfate de quinine : 1 gramme.

1er juillet. Urines toujours alcalines, contenant une notable quantité de pus. Nouvelle convulsion. L'état cachectique devient de plus en plus manifeste.

Le 10. Depuis le 5, les convulsions sont devenues journalières. Peau fraîche. Plus de fièvre le soir. Urines alcalines et purulentes. Vomissements fréquents.

Le 15. Deux convulsions par jour; depuis 48 heures, n'offrant aucune régularité dans l'époque de leur apparition.

Le 20. Au moment de la visite du matin, le malade est dans le coma. Cet état a commencé avec une nouvelle convulsion épileptiforme, hier, à 8 heures du soir. Mort à midi.

Autopsie faite le 21 juillet, 25 heures après sa mort.

Rigidité cadavérique conservée. Poumons emphysémateux. Rien à la coupe. P. d. pèse 310 grammes, P. g., 660 grammes œdème de tout le lobe inférieur). Foie pèse 1430 grammes. Sain. Rien dans l'estomac. Pas de dilatation, pas de tumeur.

Canal de l'urèthre. — Pas d'éraillure ni de retrécissement.

Prostate. — Lobe médian normal. Lobe gauche assez saillant, de consistance dure et fibroïde.

Vessie. — Muqueuse grisâtre ardoisée, sans cellules ni colonnes, sans arborisations vasculaires. Rien aux orifices.

Uretère droit. — On trouve, à l'union du tiers inférieur et du tiers moyen, une tumeur de la grosseur d'une noisette, qui paraît développée dans la paroi; elle est dure, blanchâtre, squirrheuse et oblitère en partie le calibre de l'uretère. On peut cependant franchir avec un stylet le retrécissement qu'elle produit. Au-dessus d'elle, l'uretère est dilaté et béant à l'état normal.

Les calices et le bassinet sont également dilatés. La muqueuse est grise, incrustée par places de petits foyers purulents. La cavité renferme un liquide séro-purulent. A la coupe, le tissu des reins est sombre, de couleur feuille-morte, mais ne renferme pas d'abcès.

Uretère et rein droit. — Rien à noter.

Encéphale. — Artères non athéromateuses. Rien dans les ventricules.

La colique néphrétique, produit cette même complication. Civiale (1) raconte l'histoire d'un malade, âgé de 60 ans, chez lequel il survint une colique néphrétique du côté droit. Malgré les moyens les plus énergiques, cette colique ne cessa pas entièrement; elle s'exaspéra même au bout de quarante jours. Finalement, le col vésical devint le siége de sensations très-douloureuses, et les fonctions de la vessie en furent fortement troublées. (Difficultés d'uriner, douleur à la miction, catarrhe vésical.)

Nota. — Les mêmes conséquences peuvent être rattachées à la présence d'un calcul dans la vessie. C'est un fait si commun que nous croyons inutile d'y insister.

La cystite, et en particulier la cystite cantharidienne, donne également lieu à la contracture du col vésical.

(1) T. II, p. 56, 2e édition.

Lésions uréthrales.

Il en est de même des affections de l'urèthre; telles que la rupture, suite de chute sur le périnée, les fausses routes; les blessures de la région par des agents extérieurs, notamment les armes de guerre, dont Larrey cite des exemples frappants; ou encore par une séance de lithotritie. Il faut encore citer les inflammations de la muqueuse uréthrale de quelque nature qu'elles soient, ayant soin de mettre en première ligne l'uréthrite aiguë, qui donne parfois des épreintes terribles.

— Nous devons enfin dire un mot des *affections organiques* siégeant dans les parties contiguës au col vésical : les lésions organiques des régions profondes de l'urèthre, de la prostate, des vésicules séminales, de la vessie, etc., exaspèrent toujours la sensibilité de la région, d'où la contracture du col vésical qui offre souvent ici un caractère tout particulier : *elle est incurable comme la lésion qui l'a produite.*

B. Contracture du col consécutive à une affection des organes voisins de l'appareil génito-urinaire.

Ici l'origine réflexe de la contracture n'est plus douteuse; on ne saurait faire intervenir l'excitation directe. On l'a vue survenir à la suite de l'introduction d'une simple mèche dans le rectum et disparaître lorsque cette mèche a été retirée, comme le démontre très-bien un mémoire de M. Blondeau, dont nous citons ici l'analyse, d'après la *Gazette des hôpitaux* (n° du 22 janvier 1869).

« Le mémoire contient quatre cas de rétention d'urine et de dysurie consécutifs à l'application de mèches dans le rectum, à la suite de l'opération de la fistule ou de la fissure à l'anus.

Ces exemples de rétention sont d'autant plus frappants que dans trois cas, presque immédiatement après l'ablation de la mèche, les patients pouvaient facilement et abondamment exécuter la miction.

On ne peut ici invoquer la compression de l'urèthre par les mèches ; elles étaient peu volumineuses. Mais d'ailleurs la 4e observation met à l'abri de toute objection. Le fait s'est produit chez une femme qui offre d'autant plus d'intérêt qu'elle n'avait pas subi d'opération. »

Nous étudierons d'abord les contractures à la suite d'affections rectales, ou pour mieux dire nous tâcherons de les montrer par des exemples appropriés. Nous avons choisi à dessein des maladies de nature différente : un épithélioma du rectum et une fistule à l'anus.

Ce ne sont point, à proprement parler, les maladies que nous venons d'énumérer qui ont provoqué le spasme, mais bien les moyens chirurgicaux employés contre elles.

La rétention d'urine est survenue à la suite de l'opération et est disparue à mesure que la plaie se guérissait. Du reste, il est plus que probable que dans ces cas l'irritation réflexe n'atteignait pas seulement les nerfs du sphincter vésical, mais qu'elle se propageait également à ceux du sphincter uréthral. Les observations citées ne contenant point de mensuration exacte ne permettent pas de résoudre la question. D'ailleurs, le bon sens pratique et l'analogie permettent de croire qu'une irritation réflexe, ayant pour cause un traumatisme d'une certaine importance, rayonne dans toute une région et ne se localise point dans un point si peu étendu d'une zone contractile. (1)

Nous n'avons pas à parler de la fissure à l'anus, qui produit le même phénomène. Nous ne citerons à ce propos qu'une communication faite par M. Reliquet à la Société de médecine de Paris, dans la séance du 5 octobre 1872, et dans laquelle la chose est bien signalée.

Obs. VIII (inédite).— Epithélioma du rectum; ablation avec l'écraseur; rétention d'urine pendant quatre jours.

Le nommé Chalvet, sellier, âgé de 63 ans, est entré le 3 septembre 1875, dans le service de M. le professeur Verneuil, salle Saint-Louis, no 62, se plaignant de pesanteur dans la région anale et de diarrhée.

Au mois de janvier de la même année, ce malade avait souffert d'une diarrhée persistant pendant trois mois. Peu de temps après, au mois d'avril, Chalvet remarqua que ses selles étaient sanguinolentes et que le flux de sang allait en augmentant. Pendant toute cette période, il a dix à douze selles par jour.

Un mois avant son entrée, il rendit environ un litre de sang en une seule fois. Cependant il n'accuse aucune douleur dans la vessie ni dans l'abdomen. Il urine comme à l'ordinaire.

A l'examen, on remarque un léger bourrelet hémorrhoïdaire faisant saillie au dehors. Le toucher révèle à la partie inférieure et postérieure du rectum une tumeur du volume d'un œuf de poule, qui remonte à 6 centimètres.

Cette tumeur est formée dans sa plus grande partie de fongosités épaisses, dures et irrégulières, qui saignent au moindre contact. Le diagnostic probable était un épithélioma du rectum. Ce diagnostic fut confirmé par le microscope.

M. Marchand fait l'extirpation de cette tumeur, à l'aide de l'écraseur linéaire, le 20 septembre 1875.

Mais voici le fait qui nous intéresse chez ce malade :

Vers 5 h. 1/2, le jour même de l'opération, Chalvet se plaint de n'avoir pu uriner : sa vessie s'étendait alors jusqu'à quatre travers de doigt au-dessous de l'ombilic. En introduisant la sonde, on

(1) Cette remarque s'applique à tous les cas de notre travail, où la constriction du col vésical *seul* n'a pas été notée.

ressent d'abord la sensation de saut qu'on éprouve ordinairement au niveau du collet du bulbe.

Puis après avoir franchi ce premier obstacle, on est arrêté à nouveau pendant un certain temps.

On se contente alors de maintenir la sonde tout en exerçant une pression très-légère. Après deux minutes d'attente environ, la sonde pénètre et l'urine se précipite brusquement au dehors. *Il n'y avait donc point paralysie* de la vessie. On retira environ 800 à 1,000 grammes d'une urine rouge briqueté. Les deux jours suivants, on fut obligé de sonder le malade trois fois par jour; enfin, le quatrième jour, il put uriner seul.

Le malade est sorti le 1er novembre.

Obs. IX. — Opération de fistule à l'anus; rétention d'urine consécutive (1).

Un facteur de la poste, âgé de 40 ans, entra vers la fin d'octobre 1861, à l'hôpital Saint-Louis (service de M. Denonvilliers, suppléé par M. Verneuil). Cet homme présentait une fistule anale, conséquence d'un phlegmon datant de plusieurs mois. Ce malade fut opéré le 23 octobre, au moyen de l'écraseur linéaire. Le lendemain, l'état général était satisfaisant; mais le soir, le malade éprouva un frisson assez marqué : il s'ensuivit une rétention d'urine.

Le 24. On administre un gramme de sulfate de quinine. Le 25, le malade est de nouveau sondé. L'urine présente une couleur rosée.

Le 26. Le malade meurt. A l'autopsie, on remarque une légère injection du col de la vessie.

Les contusions du périnée donnent lieu à une contracture du col vésical de la même façon. Dans le cas que nous donnons ci-dessous, il serait difficile de dire si la contracture fut le fait du choc subi par la région périnéale, ou de la déchirure de l'urèthre qui, comme nous l'avons dit, produit aussi ce phénomène.

(1) *Union médicale*, 1862, n° 13, p. 111.

Obs. X. — Chute sur le périnée; rupture de l'urèthre; rétention d'urine; plusieurs ponctions vésicales avec l'appareil Dieulafoy (1).

Un homme étant tombé d'une hauteur de six pieds à califourchon sur une traverse, se meurtrit tellement le périnée et la partie antérieure de l'abdomen, que le lendemain de l'accident une extravasation considérable de sang s'était faite du dos au scrotum. L'abdomen était douloureux et très-sensible au toucher, la peau chaude, le pouls à 120°. On applique un cataplasme laudanisé sur le ventre. Malgré des efforts réitérés, il fut impossible au patient d'uriner après l'accident; et la vessie distendue remontait au voisinage de l'ombilic. Presque aussitôt après l'accident, une cuillerée environ de sang fut rendue par l'urèthre. Le cathétérisme fut essayé en vain, puis un bain chaud prolongé; enfin l'incision du périnée fut sans résultat. Voyant qu'il y avait urgence de ponctionner la vessie, on pratiqua cette opération au-dessus du pubis, avec l'aiguille n° 1 de l'aspirateur (*quatre onces d'urine*). Plusieurs fois on répéta cette ponction et toujours avec succès. Le malade mourut d'une péritonite résultant de la chute. A l'autopsie, on remarqua sur la surface extérieure de la vessie, de petites ecchymoses rouges, semblables à des piqûres de mouches sur la peau, et correspondant au point d'entrée de l'aiguille. La surface interne de l'organe ne laissait apercevoir aucune trace de ponction. L'urine trouvée dans la vessie était normale et ne contenait ni sang, ni caillots, ni pus.

— Les affections des organes génitaux de la femme, agissent exactement comme celles du rectum chez l'homme.

Dans les accouchements, les plus simples et les plus normaux, comme dans les cas pénibles, nous avons souvent des éraillures des téguments de la vulve. Tantôt ces fissures arrivent jusqu'au méat, comme tantôt elles laissent cet orifice complètement intact. Mais, de toute façon, elles sont fréquemment le point de départ d'une contracture uréthro-vésicale.

(1) Bulletin de thérapeutique, 30 décembre 1872.

Grâce à l'amabilité du Dr Pinard, chef de clinique de M. le professeur Depaul, nous avons pu en étudier certains exemples qui offrent la plus grande netteté.

Pour éviter que la rétention d'urine puisse être expliquée par la compression prolongée, nous avons choisi trois cas qui se sont passés dans les conditions les plus normales :

Obs. XI (Personnelle). — Contracture à la suite de l'accouchement; fissures.

Térenty (Florentine), âgée de 22 ans, journalière (bonne constitution, bassin normal), multipare, accouche à terme le 18 février 1876, à l'hôpital des Cliniques (service de M. le professeur Depaul).

Premières douleurs le 18 février, à 4 heures du matin ; à 9 heures et demie, rupture des membranes; dilatation complète à 9 heures trois quarts.

Terminaison de l'accouchement à 10 heures trois quarts du matin.

L'enfant se présente par le sommet en O. I. G. A.

La durée totale du travail a été de six heures trois quarts.

La délivrance est naturelle. L'enfant est un garçon pesant 3 kil. 170.

Diamètre occipito-frontal		11 5
— —	mentonnier	12 5
— —	bipariétal	10
—	sous-occipito-bregmatique	9 5

La femme n'a pu uriner le soir. Le lendemain matin, à la visite, après avoir constaté deux ou trois fissures, on a fait le cathétérisme et on a retiré 500 grammes environ d'une urine normale.

Dans la suite, la malade a très-bien pu uriner seule.

La gangrène de la vulve peut aussi donner lieu au même phénomène réflexe; l'observation suivante en est un exemple frappant :

Obs. XII. (Personnelle). — Contracture légère à la suite de gangrène vulvaire consécutive à un accouchement.

Arcel (Marie), âgée de 30 ans, cuisinière; bonne constitution, bassin normal, primipare, entre à l'hôpital des Cliniques (service de M. le professeur Depaul). On constate qu'elle est à terme.

Premières douleurs le 12 février, à 5 heures du matin.

Rupture des membranes à 5 heures un quart.

Dilatation complète à 5 heures et demie du soir.

L'enfant se présente par le sommet en O. I. G. A.

La durée du travail a été de quatorze heures.

La délivrrnce est naturelle. L'enfant est un garçon pesant 3 kil. 700.

Diamètre occipito-frontal		12
—	— mentonnier	14
—	— bipariétal	9
—	sous-occipito-bregmatique	9 1|2.

Le vendredi, à la visite du soir, la malade se plaint de n'avoir pu uriner de la veille au soir. Elle a une fièvre assez intense, c'est ce qui détermine M. Pinard, chef de clinique, à visiter les organes génitaux externes. Il nous fait alors remarquer une gangrène des petites lèvres de cause nosocomiale.

Puis il pratique le cathétérisme, pendant lequel il sent une légère constriction sur la sonde. Il me fait remarquer que ce doit être de la contracture. En effet, on trouve peu d'urine (300 gram. environ), et, de plus, à la fin de la miction que la malade exécute volontairement par la sonde, celle-ci est chassée presque *jusqu'au* méat urinaire.

Il est donc bien clair qu'il n'y avait pas de paralysie, mais bien de la contracture, due à un acte réflexe, produit par la chute des eschares et les ulcérations vulvaires.

Le caractère général de ces contractures, c'est d'être passagères. Presque toujours, un ou deux cathétérismes suffisent pour les faire disparaitre. Quelquefois, cependant, elles persistent pendant plusieurs jours et peuvent amener des complications du côté du réservoir urinaire. — Tel est le cas rapporté ci-dessous :

Obs. XIII. (Inédite). — Contracture à la suite de l'accouchement; fissures vulvaires.

La nommée Petit (Eugénie), domestique, a eu un premier accouchement qui s'est effectué spontanément, et qui à sa suite n'a pas occasionné de rétention d'urine.

Le 22 février, elle entre à l'hôpital des Cliniques (service de M. Depaul), pour y faire ses couches; on constate qu'elle est à terme.

Apparition des premières douleurs le vendredi 25 février, à 10 heures du matin.

Rupture des membranes et dilatation complète à 9 heures du soir.

Terminaison de l'accouchement à 9 heures 10.

L'enfant se présente par le sommet en O. I. G. A.

La durée du travail a été de onze heures dix minutes.

La délivrance est naturelle. L'enfant pèse 3 kil. 595.

Diamètre occipito-frontal		12
— —	mentonnier	13 1[2
— —	bipariétal	9
—	sous-occipito-bregmatique	9 1[2.

Samedi, dimanche, lundi, mardi, mercredi, on est forcé de pratiquer le cathétérisme. Jeudi matin, on continue et on constate les cicatrices de deux ou trois éraillures de la muqueuse; l'une de ces cicatrices a au moins 1 cent. 1[2. La guérison de la muqueuse paraît donc complète; mais du côté de la vessie une complication se présente.

Les urines, jusqu'ici normales, sont ammoniacales et donnent un dépôt assez abondant de muco-pus. Pour être bien sûr que nous nous trouvons en présence d'une contracture du col de la vessie, nous prenons une bougie à boule. Alors, on franchit facilement le méat sans aucun arrêt, mais dès que l'olive a disparu (c'est-à-dire à environ 1 cent.), on sent une résistance, et on est forcé de presser doucement pour arriver dans la vessie. Au retour, même constriction.

Jeudi soir, on sonde la malade. Même remarque.

Vendredi matin; phénomène très-remarquable à la fin de la miction, lorsque les dernières gouttes d'urine se sont écoulées. M. Cantacuzène, externe du service, à la complaisance duquel je dois cette observation, essaye de retirer la sonde, mais quelle n'est pas sa surprise de sentir une très-grande résistance; pour enlever la sonde, il est obligé de faire une forte traction, qui cause une très-vive douleur à la patiente. La douleur a duré pendant toute la journée qui a suivi le cathétérisme. Le soir, on sonde encore la malade sans remarquer rien de particulier. Le lendemain, la miction se fait volontairement, quoique avec un peu d'efforts et de douleur. Mais le mieux ne tarde pas à se produire; les urines reviennent peu à peu à leur état normal.

La malade sort quelques jours après, complètement guérie.

Nous n'avons pas besoin maintenant de dire que les maladies du vagin et de la vulve produisent souvent le spasme du col. Dans l'observation de Protat, c'était une tumeur de nature indéterminée siégeant au pourtour du méat urinaire (1). Après l'ablation, la rétention d'urine se manifesta.

Civiale, Sims, etc., ont noté l'influence du vaginisme et des affections utérines, etc. Nous ne poursuivrons pas ces divers cas pathologiques qui agissent absolument comme ceux du rectum.

C. Contracture à la suite de traumatismes éloignés.

L'étude complète de cette question nous entraînerait dans des considérations générales trop étendues.

Cependant, nous ne pouvons terminer la pathogénie sans en dire un mot. D'ailleurs, nous renvoyons, pour plus amples détails, à la thèse du Dr Dartigues (2) qui s'exprime en ces termes :

« Parmi les traumatismes qui ont été signalés comme s'accompagnant de rétention d'urine, on n'a guère cité que les luxations de la hanche. Hippocrate avait déjà

(1) Bulletin de la Société de chirurgie, séance du 16 mai 1866.
(2) Dartigues. Thèse de doctorat, Paris. 1873.

noté cette complication dans les luxations de la cuisse en avant.

Malgaigne, dans son Traité des fractures et luxations, cite, à propos des luxations ischio-pubiennes, deux observations : l'une de Cooper, surtout remarquable. A l'article Luxations, par Sédillot et Gross, dans le Dictionnaire de Dechambre, on lit, au chapitre Lésions viscérales : « Les luxations ischio-pubiennes déterminent fréquemment la rétention d'urine.

Vidal, Follin, à propos des luxations ischio-pubiennes, mentionnent aussi la rétention d'urine comme consécutive de ces luxations. »

Le Dr Dartigues relate cinq observations d'amputations de la cuisse, à la suite desquelles la rétention d'urine s'est manifestée. Le même fait s'est produit après l'ablation du sein. Trois observations viennent à l'appui de ce qu'il avance. Enfin, la rupture d'une ankylose du coude droit a suffi pour donner lieu au même accident. Nous ne pouvons laisser de côté les détails de cette observation si intéressante :

XIV. — Redressement d'une ankylose ; rétention d'urine.

Elisa V..., domestique, entre le 11 juin 1873 à l'hôpital de la Pitié, salle Saint-Augustin, n° 10, pour une ankylose du coude droit, remontant au mois de janvier de cette année. Le 17 juillet, après avoir endormi la malade, M. Verneuil opère le redressement du membre ankylosé. Le soir, quand la malade veut uriner, elle ne peut y parvenir, malgré tous ses efforts, et le lendemain matin on est obligé de la sonder.

Aujourd'hui, 22 juillet, la rétention d'urine persiste encore, et la malade est sondée deux fois par jour.

Nota. — Nous pouvons rapprocher de ces faits la

contracture succédant à une sensation de froid. Exemple raconté par le Dr Reliquet (Cours d'hiver, 1876).

Ayant bien établi les liaisons qui existent entre la contracture du col vésical et les affections qui lui donnent naissance, les déductions pratiques, au point de vue du pronostic et du traitement, se tireront facilement, et nous permettront de ne pas nous étendre aussi longuement sur cette partie de notre sujet.

Remarque. — Toute contracture donc, pourra rentrer dans les cadres pathogéniques que nous venons d'établir.

CHAPITRE III.

CARACTÈRES CLINIQUES DE LA CONTRACTURE DU COL VÉSICAL.

Les malades atteints de contracture en sont avertis, les uns *lentement*, par une sensation de pesanteur dans toute la région périnéale. Les envies d'uriner deviennent plus fréquentes. La miction débute quelquefois par un jet filiforme qui va grossissant ; mais elle se termine goutte à goutte. Tel est le cas du malade dont nous plaçons ici l'observation à dessein, parce qu'il a passé par presque toutes les phases appartenant à cette contracture légère, qui est, pour ainsi dire, le trait d'union entre le symptôme-contracture pur et simple et la cystite chronique la plus grave, accompagnée de contracture.

Obs. XV (personnelle). — Cystite chronique du col ; contracture légère.

Boniface (Alfred), 26 ans, entre le 29 mai 1875, dans le service de M. Duplay, salle St-Barnabé, n° 19.

31 mai. Au mois de septembre 1874, il contracte sa première chaudepisse. Le 5 ou le 6e jour de l'écoulement, il va chez un pharmacien qui lui donne une bouteille à prendre à l'intérieur et des injections qu'on a tout lieu de supposer être de l'eau blanche. Huit ou dix jours plus tard, le malade achète du copahu qu'il

prend dans l'espace de cinq ou six jours, après quoi il cesse tout traitement.

Un écoulement blanchâtre persiste dans la suite, et malgré cela il reprend son travail habituel qui consiste à frotter les parquets.

Sept semaines après le début de la blennorrhagie, il s'est aperçu que le testicule droit se gonflait et devenait douloureux, il a marché encore une journée et s'est trouvé forcé d'aller à l'hôpital du Midi. Là on lui fait une application de sangsues, puis on lui ordonne de la tisane de bourgeons de sapin, et des bains qui font augmenter momentanément l'écoulement. Enfin, on lui donne du copahu pendant huit jours et le malade sort guéri de son orchite et de sa blennorrhagie.

Il reprend son travail. Plus tard il n'a jamais remarqué de goutte à l'extrémité du méat, il urine sans éprouver de douleur, et l'éjaculation se fait sans souffrance. Le jet d'urine était normal tant en volume qu'en intensité. Pas de dépôts anormaux et nulles envies fréquentes d'uriner.

Depuis ce temps le malade dit avoir mené une vie très-régulière sans aucun excès de boisson ni de coït.

Il y a trois semaines, il éprouve de la *difficulté à uriner*. Les *efforts* sont plus grands au début de la miction, efforts donnant d'abord un *jet* filiforme qui va grossissant pour devenir bientôt d'un volume normal. Enfin la miction se termine goutte à goutte. Pas de douleurs, envies un peu plus fréquentes d'uriner. Cependant il s'aperçoit de la présence d'une goutelette le matin au méat, pendant la miction les douleurs sont légères.

Exploration avec la boule n° 17.

On est arrêté entre 14 et 14 cent. 1/2 en allant; on franchit et au retour on est arrêté entre 16 et 17 centimètres.

La boule ramène un peu de muco-pus; suintement léger au méat.

Le toucher rectal ne révèle rien d'anormal du côté de la prostate. Il y a simplement un peu de sensibilité du bas-fonds de la vessie.

Le 7 juin. On passe la bougie olivaire, n° 17, et on la laisse à demeure pendant une heure. A 11 heures frisson d'une demi-heure. Le soir à 6 heures, nouveau frisson de 20 minutes; les deux jours suivants 1 gr. sulf. quinine, en deux fois.

Le 8. Le malade n'a pas d'appétit. A cause des frissons de la veille, on ne lui passe pas de bougie.

Le 9. Les frissons ne se sont pas reproduits hier.

Le 10. Pas de frissons. Repos.

Le 11. Rien d'anormal. Repos.

Le 12. On fait conserver les urines, et l'on remarque dans le fond du vase un dépôt assez abondant de muco-pus ; signe d'un catarrhe léger de la vessie.

Le 13, 14, 15. Rien de nouveau. Même traitement, tisane diurétique et copahu.

Le 16. Le malade annonce qu'il a été obligé de se lever deux fois dans la nuit pour uriner. On remarque alors que le dépôt des urines est plus abondant. Dans la journée envies plus fréquentes d'uriner.

Pendant cinq ou six jours cet état continue.

Le 22. On cesse le copahu et on met le malade à la térébenthine (8 capsules par jour).

Le 25. Le malade se sent mieux ; il ne se lève plus la nuit. Pour la première fois de sa maladie, il remarque qu'il n'apparaît plus rien le matin au méat. Le dépôt des urines a diminué beaucoup.

Le 30. Le malade s'apercevant que tous les accidents précités ont disparu, demande à quitter l'hôpital, ce qui lui est accordé.

Dans d'autres cas la contracture débute *brusquement*, et la strangurie est le premier symptôme accusé par le malade.

Il y a de la douleur qui apparaît au commencement et à la fin de l'émission des urines. Elle est due, au début, à l'écartement des lèvres de l'orifice uréthro-vésical contracturées; à la fin, au contact de la paroi postérieure de la vessie contre l'orifice uréthro-vésical.

Chez certains sujets, il y a des érections incomplètes très-pénibles.

Chez d'autres, l'éjaculation est douloureuse. L'observation V nous en fournit un exemple.

Tels sont, en général, les symptômes fonctionnels que l'on rencontre au début chez les malades atteints d'une contracture du col vésical.

Ainsi la contracture débute brusquement ou graduellement; elle est indolente ou douloureuse (seul phénomène qui préoccupe le malade), ou elle n'arrive qu'à titre d'épilogue d'une maladie qui a déjà parcouru une partie de ses phases.

—Comme on le voit, les renseignements que peuvent nous fournir l'interrogation et l'examen superficielle du malade n'ont qu'une valeur très-minime. C'est au cathétérisme qu'il faut avoir recours, et nous allons dans le chapitre suivont rechercher minutieusement tout le parti qu'on peut en tirer dans ces cas.

CHAPITRE IV.

DIAGNOSTIC.

Faire un diagnostic exact est ici de la plus haute importance pour le malade. Le pronostic que le praticien doit lui annoncer, le traitement qu'il doit lui faire suivre, peuvent avoir la plus grande influence sur son avenir, tant au moral qu'au physique.

Avouons toutefois que nous n'avons qu'un seul moyen pour préciser rigoureusement ce diagnostic, c'est le cathétérisme, et encore pratiqué suivant les conditions que nous a si bien enseignées notre excellent maître, M. Simon Duplay.

Dans un premier paragraphe, nous admettrons donc que le cathétérisme explorateur est possible.

§ I. — Obstacle franchissable.

A l'état sain, il est de pratique vulgaire qu'avec

une bougie à boule d'un moyen calibre (n° 18 environ de la filière Charrière) (1), on eprouve une première résistance à l'entrée de la région membraneuse. En laissant en place l'olive pendant quelques instants, tout en appuyant légèrement, elle ne tarde pas à vaincre cet obstacle; elle parcourt ensuite la région prostatique et donne enfin une seconde sensation de résistance, qu'elle franchit facilement pour pénétrer immédiatement dans la vessie.

Dans l'affection qui nous occupe, la première résistance est la même; quelquefois cependant elle est un peu plus accentuée. Mais au niveau du sphincter vésical, apparaissent des phénomènes plus significatifs : arrêt *brusque* de la bougie, dont on est quelquefois obligé de diminuer le calibre, si l'on veut pénétrer; *constriction* du sphincter sur la bougie lorsqu'elle a fini par s'engager *douleurs très-vives* qui cessent aussitôt que l'olive a quitté la portion rétrécie du canal.

Au retour, on peut faire exactement les mêmes remarques. Quelquefois le talon de l'instrument ramène un peu de muco-pus, signe très-net d'un état subinflammatoire.

Mais ces phénomènes de constriction, de douleur, existent-ils exactement au col de la vessie? quelles en sont les limites précises? Une double mensuration va nous l'apprendre.

En effet, lorsque l'olive s'arrête brusquement et provoque une sensation pénible, on retire la bougie et on mesure la distance comprise entre la portion corres-

(1) Dans le courant de ce travail, chaque fois que l'on ne précise pas, les numéros des bougies vont en progression comme cette filière c'est-à-dire par tiers de millimètre.

pondant au méat urinaire et l'extrémité de l'instrument (1re notion).

Tendant ensuite la verge de la même façon qu'à la première expérience, on réintroduit la bougie exploratrice jusque dans la vessie, et on la retire *très-lentement.* Aussitôt que l'olive atteint le col vésical, un nouvel arrêt, accompagné d'une douleur plus ou moins vive, se manifeste. On marque avec l'index l'endroit de la bougie correspondant au méat ; on achève de faire sortir l'instrument, puis on mesure la distance qui sépare le doigt du talon de l'olive (2e notion).

Il est aussi clair que possible que la différence entre ces deux résultats donne exactement l'*étendue* de la constriction.

Mais réside-t-elle bien à l'orifice uréthro-vésical ? Le cathétérisme de *retour* nous le dit encore :

Il s'agit tout simplement de constater si la douleur et l'étreinte éclatent bien exactement avec la sensation d'engagement de l'olive libre au milieu du réservoir urinaire, dans un canal plus ou moins contracté. Certes, la main la moins expérimentée percevra le frottement que la boule exerce sur les parois de ce canal.

Un complément de cette exploration, moins sûr, il est vrai, consistera à s'assurer de la distance comprise entre le méat et l'olive engagée. Si elle est de 16 à 18 centimètres, tout porte à croire qu'on est bien au col de la vessie.

Il nous reste encore à savoir si nu calcul vésical, donnant à peu près lieu aux mêmes phénomènes que la contracture du col et souvent même la développant, peut nous laisser dans l'incertitude. Évidemment non ;

la sonde métallique produira un choc des plus caractéristiques.

Après ces diverses considérations, on ne saurait nier la possibilité d'un diagnostic précis dans le cas supposé ci-dessus.

§ II. Obstacle infranchissable.

Assez souvent un malade se présente à nous avec une rétention d'urine plus ou moins complète; la bougie du plus petit diamètre ne peut passer; le cathétérisme alors nous servira-t-il à quelque chose? Oui, certainement.

La moyenne de l'urèthre, en longueur, étant de 16 centimètres, d'après M. le professeur Sappey, il est bien naturel, si on est arrêté à 15 centimètres ou au-delà, de faire siéger l'obstacle au niveau du sphincter vésical. Mais, comme il y a des urèthres de 19 centimètres, on ne peut tirer une conclusion rigoureuse. Il n'en résulte qu'une quasi-certitude.

Or, nous jetterons un jour sur le diagnostic, en passant en revue les affections locales qui pourraient constituer cet obstacle. Pour cela, nous aurons recours à un cathéter métallique :

— D'abord, est-ce un calcul vésical qui s'est engagé dans l'urèthre? La sonde nous le révélera par un frottement particulier; de plus, si le malade a précédemment remarqué des graviers dans ses urines, nous saurons à quoi nous en tenir.

— Est-ce une hypertrophie de la prostate? Nous ne pourrons bien exactement délimiter sa forme comme le préconise si ingénieusement Velpeau (1), puisqu'il ne

(1) Dictionnaire de médecine, t. XXVI, p. 197, 2e édition.

nous est pas permis de pénétrer dans la vessie ; mais le cathéter et le toucher rectal nous serviront beaucoup :

Pendant l'introduction de la sonde, si le pavillon vient à s'incliner à droite ou à gauche, nous conclurons à une hypertrophie du même côté : le doigt introduit en même temps dans le rectum permettra de juger de la distance qui le sépare de l'instrument. Le toucher nous révélera encore la hauteur à laquelle la prostate remonte et les diverses bosselures plus ou moins consistantes qu'elle peut présenter.

Il faut ajouter que ces mêmes moyens nous permettront de constater les diverses tumeurs que peut contenir cette glande, telles que : calculs, abcès, tubercules, etc., dont les symptômes propres sont en dehors de notre sujet; elles ne nous intéressent que par leur volume, pouvant dévier, exciter ou obstruer le canal, de façon à produire la dysurie ou la rétention complète d'urine.

Existe-t-il enfin à l'orifice uréthro-vésical un obstacle constitué par des excroissances polypeuses ou non (valvules du col), accompagnées de déviation du canal, amenant la dysurie, etc. ? Dans ce cas, avec une sonde coudée à angle presque droit, nous pourrons, avec chances de succès, tenter de franchir l'obstacle. Si nous y arrivons, rien de plus facile que de l'apprécier en retirant la sonde, le bec tourné en bas.

Inutile que nous fassions le diagnostic avec le rétrécissement organique : nous savons qu'il n'existe pas à cette profondeur de l'urèthre.

— Eh bien, supposons que toutes ces recherches ne nous aient rien fourni d'anormal, serons-nous en droit de conclure que l'obstacle est bien dû à une contracture du col vésical ?

Malheureusement non. Ces moyens n'étant pas absolument rigoureux (manque d'expérience, manque d'instruments, difficultés de toutes sortes), la conclusion sera nécessairement de même.

Cependant, nous arriverons ainsi bien près de la solution du problème, si surtout nous analysons avec soin l'ensemble des symptômes, que nous ne pouvons répéter ici, et les données fournies par le patient.

§ III. — Tentatives de cathétérisme impossibles.

Quelquefois, soit à cause d'un traumatisme ou d'une affection quelconque du pénis, soit à cause d'une sensibilité excessive de l'urèthre, etc., il ne nous est pas permis de penser au cathérisme.

Le toucher rectal provoquant une douleur au niveau du col vésical, les symptômes locaux et généraux, les antécédents du malade jetteront un grand jour sur son affection. Il ne faudra pas perdre de vue le mode d'apparition de ces symptômes, leur *irrégularité* dans la plupart des cas, leurs exacerbations plus ou moins violentes, et parfois leur ténacité poussée au point de ne pas laisser un seul instant de tranquillité au malheureux atteint de cette maladie.

Nota. — Il nous semble inutile de nous étendre sur le diagnostic de la contracture du col vésical chez la femme. Il est beaucoup plus facile que chez l'homme, et la connaissance des moyens ci-dessus préconisés nous facilitera toute recherche dans ce sens. Il nous suffit de noter la longueur de l'urèthre, qui est de 30 millimètres, en moyenne.

Remarque générale. — Jusqu'ici nous ne nous sommes occupé que de reconnaître la contracture en tant que symptôme; mais, lorsqu'elle constitue à elle seule une maladie ayant sa physionomie propre, sa marche, ses complications, sa terminaison, nous ne pouvons évidemment nous en tenir là. Comment, en effet, mettre sur la même ligne cette espèce de spasme qui suit certaines opérations chirurgicales, et ces contractures rebelles (1) qui ne cèdent parfois qu'à la cystotomie? Il faut donc, du même coup, reconnaître la pathogénie du symptôme (voir ch. II), étudier l'état général du malade, voir s'il y a des complications, afin de pouvoir porter un pronostic sûr et instituer un traitement approprié.

C'est à ces conditions seulement que nous aurons fait un diagnostic complet et vraiment utile.

CHAPITRE V.

PRONOSTIC.

Le phénomène contracture du col vésical n'a primitivement aucune signification alarmante. Il est, en général, intimement lié à une cause dont la disparition entraîne celle du symptôme, surtout si elle a été de courte durée. Mais, pour peu qu'elle se prolonge, l'excès de fonction du sphincter détermine bientôt une congestion, une irritation de la muqueuse uréthro-vésicale, qui, à son tour, entretient la contracture : c'est alors que les complications apparaissent assez rapidement.

Les parois vésicales se contractant fréquemment,

(1) Obs. du docteur Lesueur.

finissent par s'hypertrophier au point de diminuer notablement la cavité de cet organe. Quelquefois, cependant, le contraire se produit; les parois s'amincissent, se dilatent : de là, parésie du réservoir urinaire et incontinence d'urine. Cependant la vessie est sous le coup d'une inflammation purement secondaire. Les reins ne tardent pas à se prendre, et nous voyons une série de néphrites légères caractérisées par des accès de fièvre plus ou moins persistants et rapprochés.

C'est alors que le moral est atteint au plus haut point. Le malade ne pense qu'à son affection; il n'a pas un moment de calme et ne peut entreprendre l'affaire la plus simple. Si on n'intervient pas énergiquement, la suppuration rénale peut éclater et faire courir au malade les dangers les plus graves.

Fort heureusement, ce n'est pas ainsi que les choses se passent habituellement. Si on peut attaquer à temps la vraie cause, soit en totalité, soit en partie, la contracture suit ordinairement la même progression. Souvent même le patient, dans les cas légers, néglige peu à peu de s'occuper de son affection, et le temps vient jeter un voile sur l'objet de ses tourments.

D'autres fois même, il se produit des lésions locales assez importantes, sans que pour cela la santé soit sérieusement menacée. Nous voulons parler de la déviation du canal de l'urèthre à son entrée dans la vessie et de l'hypertlirophie de sa paroi postérieure, qu'on a décrite sous le nom de valvules. Mercier, qui les a très-bien étudiées, s'exprime en ces termes : « Les valvules musculaires peuvent être opérées par l'incision et l'excision; ces opérations, dont les résultats sont immenses, surtout quand elles sont faites à temps, sont les plus innocentes de la chirurgie » (1).

Mais le mode d'apparition de la contracture et sa ténacité (2) peuvent avoir une valeur pronostique très-importante. Si en effet, après avoir exploré tout l'organisme d'un malade atteint d'une contracture qui s'est subitement déclarée et qui ne cède à aucun traitement, on n'a pas trouvé le point de départ, il faut se mettre sur ses gardes et réserver son pronostic. Il est probable, en effet, que cette contracture est le prélude d'une affection organique grave. Nous en avons un magnifique exemple chez notre malade de l'observation VII.

CHAPITRE VI.

TRAITEMENT.

La première condition, pour établir un traitement, est de faire le diagnostic du symptôme et de sa cause propre; il faut voir si la contracture n'est pas sous la dépendance d'une affection générale, qu'on doit attaquer tout d'abord. Supposons, en effet, qu'on soit en présence d'un malade cachectique ou lymphatique, etc., en combattant l'état général, on combat du même coup la contracture, qui est toujours améliorée, souvent même guérie. Il y a encore un autre avantage, c'est qu'on rend le canal apte à supporter dans la suite toute médication énergique, sans réaction dangereuse.

Quelquefois, la contracture n'est qu'une simple coïncidence. Enlevez la cause, l'effet disparaît aussitôt

(1) Traitement des maladies des organes urinaires, 1856, p. 276.

(2) Allant jusqu'à la rétention.

(*sublatâ causâ, tollitur effectus*). Nous en avons un exemple frappant dans l'introduction de ces mèches dans le rectum. Leur présence détermine de la contracture du col vésical, mais elles sont à peine enlevées, que tout phénomène du côté des voies urinaires a disparu. Nous formulerons donc cette règle générale : avant de traiter une contracture du vol vésical, il est de toute rigueur de connaître son origine.

Ceci posé, passons rapidement en revue les divers moyens qui s'adressent à la contracture elle-même ; et qui, étant bien appropriés, ont donné des résultats satisfaisants : les uns appartiennent à la médecine et les autres à la chirurgie.

§ I. TRAITEMENT MÉDICAL.

Quand on a lieu de penser à une inflammation de la région, on peut espérer obtenir une prompte amélioration par l'emploi des antiphlogistiques : sangsues au périnée, bains, douches, etc. L'injection forcée d'huile a été aussi préconisée. Il en est de même des injections émollientes dans la vessie.

Si on doit s'adresser au système nerveux, on usera des divers sédatifs, entre autres du bromure de potassium, depuis 4 gr. jusqu'à 8 gr. dans une journée ; je l'ai vu dernièrement employé avec succès dans le service de M. le professeur Verneuil ; ou bien encore de la belladone, comme le dit M. le professeur Dolbeau. Il donne chaque jour deux pilules ainsi composées : extrait de belladone, 1 centigr., poudre de belladone, 1 centigr. D'ailleurs, tous les sédatifs en général peuvent procurer un soulagement notable et quelquefois une guérison durable, résultat facile à comprendre, surtout dans le cas de névralgie pure et simple du col vésical.

§ II. TRAITEMENT CHIRURGICAL.

Assez souvent le but du chirurgien est de modifier la muqueuse, dont l'état entretient souvent la contracture. Quelquefois il s'agit de vaincre la résistance en fatiguant le muscle contracturé; parfois enfin on est forcé d'en arriver à la section de ce sphincter. Nous allons examiner ces diverses considérations.

A. Modification de la muqueuse du col vésical.

1° Le cathétérisme simple, répété un certain nombre de fois à quelques heures de distance, a été pratiqué par Civiale. Il dit en avoir retiré d'assez bons résultats.

2° Philips (1) préconise l'emploi des bougies de cire molle. Il les laisse 2 ou 3 minutes en place et répète cette manœuvre plusieurs jours de suite.

3° D'autres chirurgiens, à un double point de vue thérapeutique, laissent à demeure pendant quelques minutes une sonde en gomme enduite d'une pommade médicamenteuse, telle que la pommade belladonée. — Nous en avons vu l'essai dans le service de M. Duplay (voir Observ. II); le succès obtenu a été bien peu marqué.

4° Les cautérisations produisent très-fréquemment d'excellents résultats : on les fait, en général, avec le

(1) Traité des maladies des voies urinaires, p. 38.

nitrate d'argent, soit à l'état solide, soit à l'état de solution.

1° *Cautérisation au nitrate d'argent solide.* — Elle se pratique avec le porte-caustique de Lallemand, assez connu pour nous éviter d'en donner une description ici. — Nous l'apprécierons cependant en disant qu'il rend de grands services dans une main habile. Nous n'en citerons pour preuve que deux cas de guérison de contracture, obtenus par M. Tillaux et rapportés dans la thèse du Dr Sockeel (1). Mais il est d'une manœuvre difficile, et, de plus, il éveille souvent chez le patient les douleurs les plus aiguës. A ce double titre, nous préférons de beaucoup le procédé suivant :

2° *Cautérisation avec une solution de nitrate d'argent.* — Disons tout d'abord (2) qu'il est généralement admis aujourd'hui que les caustiques liquides conviennent mieux aux muqueuses que les solides. Nous n'hésitons donc pas à recommander vivement l'ingénieux instrument de M. Guyon ; c'est une bougie à boule, creusée d'un canal qui communique avec une seringue de Pravas contenant la solution faite à un titre variable, ordinairement au 1/50e, et fixée à l'extrémité opposée à la boule. Quand celle-ci a franchi le premier sphincter, on fait couler 5 ou 6 gouttes du liquide qui se dirigent toutes vers le col pour y produire l'effet recherché.

Remarque. — Il est, en effet, démontré par cet habile chirurgien qu'il ne reparaît jamais au méat les moin-

(1) Thèse de Paris, 1874, p. 26.
(2) Clinique de M. Guyon.

dres traces d'un liquide déposé en arrière de la région membraneuse (1). Certes, nous avons la conviction que cet instrument, très-facile à manier, offre de grands avantages sur le porte-caustique précédemment cité.

Nous avons, d'ailleurs, un grand nombre de guérisons obtenues par ce moyen dans le service de M. Guyon, voir à ce sujet la thèse du Dr Pouliot (2).

B. Dilatation du col vésical.

Cette opération peut se faire de deux façons bien différentes : ou on agit lentement, progressivement; ou on emploie des moyens brusques.

1° *Dilatation lente.* — On l'obtient tantôt avec des bougies en gomme, laissées en place pendant une 1/2 heure à 1 heure, dont on augmente chaque jour le diamètre. Quelquefois, il en résulte un état subinflammatoire, occasionnant un peu de dépôt dans les urines; mais, en somme, dans les trois cas que j'ai pu observer, M. Duplay a obtenu une amélioration très-notable. — Tantôt ce sont aux bougies d'étain (bougies de Béniqué) que l'on a recours. M. Tillaux les préconise beaucoup actuellement; il en a retiré des effets heureux relatés par deux de ses élèves, MM. Sockeel et P. Le Garrec (3).

2° *Dilatation forcée.* — Nous sommes obligé d'établir ici une distinction au point de vue du sexe.

a. — Dilatation forcée chez l'homme. — Elle se pratique

(1) Clinique de M. Guyon.
(2) Thèse de Paris, 1872.
(3) Thèse de Paris, 1876.

avec divers instruments susceptibles de se dilater doucement, lorsqu'ils sont arrivés au niveau du col vésical. Nous signalerons seulement celui de M. Mercier et celui de M. Tillaux.

b. — Dilatation forcée chez la femme. — C'est dans ce cas, vraiment, que ce mode de traitement donne de très-beaux résultats. — Il n'offre pas de dangers sérieux, lorsqu'on n'a pas dépassé certaines limites. M. Simonin (de Nancy), en relate, dans son mémoire (1), quatre exemples frappants ; mais il insiste sur la nécessité de la chloroformisation : « Sans le sommeil dû aux anesthésiques, la douleur provoquée par la dilatation rapide est considérable et ne permettrait point, en général, d'opération sérieuse et de longue durée. »

Il arrive ainsi à une dilatation de 23 à 24 millimètres. Les moyens de l'effectuer sont des plus simples : tantôt on enfonce brusquement l'index enduit préalablement d'un corps gras ; tantôt on introduit un spéculum spécial ou une pince, dont on écarte les branches en la retirant précipitamment.

A ce propos, nous pouvons signaler un cas de guérison ainsi obtenue par le Dr Reliquet et publié par M. Maurice Longuet, interne des hôpitaux (2).

C. Section du sphincter vésical.

Quelquefois tous les moyens précités échouent devant la ténacité d'une contracture. M. le professeur Verneuil nous parlait dernièrement d'un cas où il avait été

(1) Rapport lu à la Société de médecine de Nancy, compte-rendu annuel, 1871-1872.

(2) Annales de gynécologie, avril 1874, p. 287.

obligé de pratiquer la taille médiane, sachant pertinemment qu'il ne trouverait pas de calcul dans la vessie.

Faut-il faire alors l'uréthrotomie interne ou la cystotomie ? Nous pensons que cette dernière est préférable (1). Dans le premier cas, en effet, l'incision est souvent insuffisante, et, de plus, elle crée un danger sérieux en rendant imminente l'apparition d'une infiltration urineuse. — M. le professeur Dolbeau cite deux cas de guérison, après cette section de dehors en dedans; en général, elle n'a pas de conséquences graves. Les malades guérissent fort bien (2). Les faits publiés par Francesco Parona (3) militent complètement en faveur de ce que nous venons d'énoncer. N'ayant pu nous procurer le recueil italien dans lequel ont été publiées ces observations nous nous contenterons d'un compte-rendu d'un journal français.

OBSERVATIONS

Spasme du col de la vessie guéri par la cystotomie.

Obs. XVI.—G. S..., âgée de 36 ans, souffrait depuis huit ans, du côté des organes génito-urinaires, de maladies consistant en besoins fréquents d'uriner, accompagnés d'efforts inutiles d'expulsion et, quelquefois, de vives douleurs au gland. Urine claire et acide, pouls fébrile, physionomie souffrante. L'exploration de la vessie avec une sonde, du rectum avec le doigt, donna un résultat négatif; ni calcul, ni hémorrhoïdes, ni tumeur prostatique.

Le sulfate de quinine et les narcotiques, employés pendant dix jours, les courants électriques, pendant huit, les vésicatoires morphinés, l'atropine, le bromure de potassium, les alcalins, les injec-

(1) Dolbeau. Clinique chirurgicale de l'Hôtel-Dieu, 1867.

(2) Hévia. Thèse de Paris, 1868.

(3) Rivista clinica di Bologna, avril 1873.

(4) Mouvement médical du 6 septembre 1873, page 459.

tions d'eau phéniquée, pratiquées à la suite de la découverte dans l'urine de spores de penicillium glaucum, n'amenèrent aucun résultat. On pratiqua alors l'incision du col vésical avec l'inciseur prostatique de Mercier. Suites simples, sauf un accès fébrile intense le troisième jour. Après vingt-cinq jours, le malade, délivré de tous ses malaises, pouvait être considéré comme guéri.

Obs. XVII.— Pietro Burgi, âgé de 22 ans, eut, à l'âge de 15 ans, une blennorrhagie qui, mal soignée, dura plusieurs mois, et à la suite de laquelle il garda une sensibilité plus vive de l'urèthre et des besoins plus fréquents d'uriner. Reçu le 20 juillet 1852 à l'hôpital de Novare, il présente les symptômes suivants : besoins constants d'uriner, impossibilité de garder la plus petite quantité d'urine, douleur vive, brûlante pendant la miction, sensation de contracture douloureuse au périnée ; à peine avait-il émis quelques gouttes d'urine qu'il était obligé de s'étirer la verge et de se frictionner le périnée pour se soulager. Cet état déplorable qui ne laissait de repos ni le jour ni la nuit, durait depuis plusieurs mois.

Urines troubles à odeurs ammoniacales, ne renfermant de parasites d'aucune espèce. La tisane d'uva ursi, et l'application de sangsues au périnée ramenèrent la limpidité, l'acidité normale des urines.

L'exploration du rectum, de l'urèthre et de la vessie, avec une sonde assez grosse, donna, comme dans le cas précédent, un résultat négatif.

Les injections d'eau phéniquée, de tanin et de laudanum, de nitrate d'argent, comme le conseille le Dr Guyon, ne procurèrent qu'un soulagement passager.

Le bromure de potassium, porté jusqu'à 8 grammes par jour, les alcalins, les onctions de belladone, l'emploi endermique de la morphine et de l'atropine, le chloral ne donnèrent aucun résultat utile.

On essaya enfin la dilatation forcée du col vésical, qui donna un résultat plutôt défavorable qu'avantageux.

Enfin, après trois mois d'efforts infructueux, Parona se décida à pratiquer la section des couches musculaires, siége du spasme.

Devait-on choisir la cytotomie interne ou la cytotomie périnéale? Parona se décida pour la seconde comme devant donner un résultat plus complet, sans faire courir au malade un danger plus grand. En effet, la cytotomie périnéale permet de remédier plus facilement à l'hémorrhagie si elle se produit, et, de plus, intéresse non-seulement le col vésical, mais aussi la portion membraneuse de l'urèthre qui prend part au spasme aussi bien que le col.

L'opération fut pratiquée par la taille médiane, suivie de l'incision, à une profondeur modérée, du col de la vessie, avec le cystotome de Dupuytren. L'imprudence du malade amena après l'opération une hémorrhagie assez intense, qui se reproduisit dans la journée, mais qu'on put maîtriser par des applications et des injections d'eau froide. Les suites furent assez bonnes, et après douze jours il ne restait presque plus de traces des symptômes précédemment observés.

Après un mois, la plaie était entièrement cicatrisée. Après deux mois, le malade quitta l'hôpital entièrement et parfaitement guéri.

A l'occasion de ces deux observations, Parona rappelle quelques faits analogues, dans lesquels la cystotomie a donné un bon résultat, soit qu'elle ait été pratiquée pour remédier à un spasme bien reconnu, soit qu'elle ait été faite dans le but d'extraire un calcul que l'opération a prouvé ne pas exister.

— Une observation non moins probante nous a été communiquée récemment, grâce à l'amabilité de notre excellent confrère M. le Dr Lesueur de Vimoutiers (Orne).

Obs. XVIII. — Contracture du col vésical; rétention complète d'urine; taille médiane; pas de calculs dans la vessie; guérison.

M. A..., médecin, âgé de 70 ans, a une forte constitution. Il jouit d'une excellente santé si l'on ne tient compte de quelques douleurs rhumatismales assez légères il est vrai. Il éprouve, en 1860, sans cause connue, un besoin fréquent d'uriner. La miction d'abord indolore devient des plus pénibles. A chaque instant envie insurmontable d'uriner: sortie alors de quelques gouttes d'urine qui brûlent comme du feu. Ceci s'accompagne d'une pesanteur insupportable dans la région périnéale; puis surviennent l'insomnie et la fièvre. Le cathétérisme est assez facile. Les urines donnent un léger dépôt; quelquefois elles sont un peu sanguinolentes.

Diagnostic. — Spasmes douloureux du col de la vessie.

Traitement. — Bains, injections, suppositoires calmants. Bromure de potassium, dilatation du canal par des sondes de plus en plus volumineuses.

Après deux mois de l'emploi de ces divers moyens sous toutes les formes, le malade à bout de patience et sentant d'ailleurs sa vie sérieusement menacée, se décide, sur le conseil de M. Richard, à se soumettre à l'opération de la taille périnéale.

On avait ainsi deux chances à courir :

Ou on trouverait dans la vessie une pierre dont la présence aurait échappé à l'investigation du cathéter; ou bien, dans le cas contraire, on aurait fait sur le col de la vessie un débridement, dont le résultat, on l'espérait du moins, serait semblable à celui que l'on obtient par l'incision du sphincter anal dans l'opération de la fissure à l'anus (procédé de Boyer).

La taille fut pratiquée : aucun calcul ne fut rencontré dans la vessie. Les suites de l'opération furent des plus simples et le malade s'est toujours trouvé débarrassé de cette maladie qui ne lui laissait aucun repos.

§ III. Traitement d'urgence.

Parmi les opérations d'urgence qu'un praticien doit connaître, la ponction de la vessie est un mode d'intervention qui peut se présenter dans des circonstances d'autant plus graves que toute tentative de cathétérisme ayant échoué, la vessie étant distendue outre mesure, il faut agir immédiatement ; comme l'a dit Dionis « il faut que le malade pisse ou meure. »

Je n'entrerai pas dans les discussions qu'a soulevées cette manière de faire. Je dois dire cependant qu'elles avaient lieu à une époque où l'on ne connaissait pas les bienfaits de la ponction capillaire.

Aujourd'hui de nombreux faits prouvent que la ponction capillaire de la vessie n'a aucun danger. L'absence du moindre vestige de cette ponction a été bien constatée dans deux cas où la mort était survenue dans des circonstances tout à fait étrangères à ce mode d'intervention (1). (V. nos obs. 4, 7, 10).

Si donc, après avoir plongé le malade à plusieurs reprises dans un bain, nous ne pouvons arriver à le sonder, il ne faut pas nous exposer à faire une fausse route; il faut avoir recours sans crainte à la ponction capillaire avec ou sans l'appareil aspirateur.

Nota : Nous ne pouvons passer sous silence le traitement des valvules du col vésical. — Il suffira de les inciser ou de les exciser comme le pratique M. Mercier (2). — Quant aux autres complications de l'affection que nous traitons, nous n'avons pas à nous en occuper ici; elles rentrent dans l'ensemble des affections propres aux organes affectés.

(1) V. Watelet. Thèse de doctorat, Paris, 1872.

(2) Traitement des malades des organes urinaires, 1856, p. 213 et suivantes.

TABLE DES MATIÈRES.

pages.

CHAPITRE I.

CHAPITRE II.

(ESSAI DE CLASSIFICATION.)

CHAPITRE III.

CHAPITRE IV.

CHAPITRE V.

CHAPITRE VI.

Paris. A. PARENT, imprimeur de la Faculté de Médecine, rue Mr-le-Prince, 31.

121

www.ingramcontent.com/pod-product-compliance
Ingram Content Group UK Ltd.
Pitfield, Milton Keynes, MK11 3LW, UK
UKHW021623260726
13994UKWH00003B/1043

9 782329 122267